饲料搅拌机

饲料加工车间

玉米膨化机

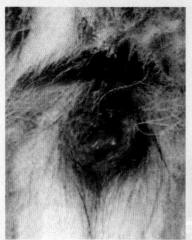

母貂发情期变化

貂交配

临产母貂

产仔

2

哺乳期仔貉

饲 喂

分窝后的幼貉

3

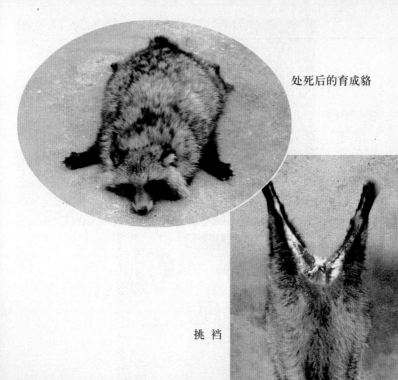

处死后的育成貉

挑 裆

刚剥取的鲜貉皮

4

乌苏里貉四季养殖新技术

主 编

顾绍发 顾艳秋

编著者

苗兴元 潘为灵 魏本连

高仁旺 顾光露

金盾出版社

内 容 提 要

　　本书由江苏省连云港市赣榆县毛皮动物研究所顾绍发所长主编。书中以介绍乌苏里貉四季养殖实用新技术为主,兼顾基本理论知识。主要内容:养貉业发展概述,乌苏里貉的外形特征、生活习性,乌苏里貉的繁殖技术、遗传育种、日常管理、营养调控,以及用中西兽医方法对貉病进行综合防治的新技术、新方法、新经验。内容新颖,重点突出,贴近现实,可操作性强,适合养貉场员工、养貉专业户、毛皮加工者及有关科研工作者阅读参考。

图书在版编目(CIP)数据

乌苏里貉四季养殖新技术/顾绍发,顾艳秋主编.—北京:金盾出版社,2008.4
ISBN 978-7-5082-5018-2

Ⅰ.乌…　Ⅱ.①顾…②顾…　Ⅲ.貉-饲养管理　ⅣS865.2

中国版本图书馆 CIP 数据核字(2008)第 028039 号

金盾出版社出版、总发行
北京太平路 5 号(地铁万寿路站往南)
邮政编码:100036　电话:68214039　83219215
传真:68276683　网址:www.jdcbs.cn
彩色印刷:北京大天乐印刷有限公司
黑白印刷:北京金盾印刷厂
装订:北京大天乐印刷有限公司
各地新华书店经销
开本:787×1092 1/32　印张:6.625　彩页:4　字数:140 千字
2008 年 4 月第 1 版第 1 次印刷
印数:1—8000 册　定价:11.00 元

前　言

改革开放以来,我国政府对农副产品结构进行一系列的调整,使产销对路的农副产品快速进入国际市场。养貉业同其他农副产业一样也从中受益。目前,国内、外毛皮市场上居高不下的貉皮价格,给我国养貉业带来了新的发展机遇,养貉数量逐年增加,为养貉者营得了巨大的经济效益。

为了使广大养貉者能全面了解乌苏里貉的有关养殖知识,掌握养貉技术,推动我国养貉业的健康发展,笔者在从事20多年养貉基础上,结合自己在养貉实践中的体会,同时吸收了国内养貉同行们先进的营养调控理论和管理经验,编写了这本以解决养貉生产中遇到实际困难为主题的小册子,材料写成后在养貉爱好者中广泛传阅,吸取他们的意见,历经多次修改,现奉献给全国各地养貉爱好者,让这本小册子能成为养貉者成功的铺路石,愿它能在养貉这片沃土中生根、开花、结果,让养貉致富之花香飘万家。

本书在编写过程中,参考了国内、外有关养貉的科研资料,引用了哈尔滨华隆饲料有限公司科研室提供的国内养貉最新技术成果,并得到金盾出版社编辑部、连云港市残疾人联合会、赣榆县残疾人联合会、赣榆县科学技术协会和河南省登封市大金店特种动物养殖场的大力支持和帮助,在此表示感谢。

笔者因来自养貉生产第一线,理论水平有限,从事对养貉研究时间较短,加上时间仓促,书中难免有错误之处,敬请各位志士同仁和读者多多予以批评指正。

作者愿与全国各地养貉爱好者真诚合作交流,在中国特种养殖业的道路上,同心同德,携手共进,开创养貉业的美好明天。

编著者

2007 年中秋写于赣榆

联系地址:江苏省赣榆县赣马镇大高巅养貉场

邮政编码:222124

联系电话:(0518)86311727　13851390468

目　录

第一章 我国养貉业的发展概述

人工饲养乌苏里貉在我国是新兴的养殖业。乌苏里貉有性情温驯,适应性强,饲料来源广泛,饲养管理简单,易于驯养繁殖,仔貉易成活等优点;乌苏里貉是一种既可庭院少量饲养,也可集群养殖的珍贵毛皮动物;乌苏里貉皮具有结实耐用、柔软轻便、绒厚毛丰、美观大方、保暖性强等特点;用貉皮制作的各种男女大衣、皮领、帽子、褥子等商品服饰,具有飘逸、自然之感,在国内、外裘皮制品市场上畅销不衰。因貉皮具有较高的经济价值和实用价值,所以人们在养殖中普遍重视养貉业,养貉数量也逐年增长。目前,养貉业已在我国毛皮动物饲养业中占有重要地位,成为长江以北各省、自治区广大农民家庭经济收入的重要来源之一,是广大农民脱贫致富的一个好门路。

第一节 养貉的历史与现状

由于貉皮具有较高的实用价值和经济价值,我国居住在东北地区的游牧民在"渔猎时代"就开始利用各种工具在自然界中猎捕野生乌苏里貉作为食物,并逐步认识到貉皮的防寒、护肤和装饰地作用,进而开始以赢利为目的猎捕野生貉,由于人为过量猎捕,致使这一宝贵野生资源在大自然中生存数量逐年减少。但裘皮市场上对貉皮的需求量越来越大,仅靠捕捉野生貉来取皮,已远远不能满足市场上对貉皮的需求,如我国黑龙江省北部的黑河、北安、海林、泰康等地区及内蒙古自治区北部地区的狩猎者在20世纪40年代末,开始将夏季捕捉到的野生幼貉暂放在家中圈养,待冬季幼貉生长成熟后再取皮食肉。后来狩猎者通过漫长对野生貉作为活体食物临时贮存中发现,经过一段时间人工饲养一部分受到创伤的幼貉能痊愈,消瘦的能养肥,幼小的野生貉不仅在圈养条件下存活下来,而且能生长发育良好,正常发情,公、母貉能自行交配,受胎的母貉自己能衔草拔毛做窝,在不需人工护理的情况下能繁殖后代。野生貉在圈养条件下的自行繁殖成功,从而拉开了我国人工养貉的序幕。我国养貉历史就是从捕捉野生貉,经过人工驯养,使野生貉中的优良品种在圈养条件下生存下来,并自行繁殖成功,由开始的单只饲养到小群饲养,从小群体到大规模产业化、商品化养殖各个阶段的演变而来的。1956年,根据国务院"关于创办野生动物饲养业"的指示精神,国家与地方各级政府重视了养貉业的发展,提倡多种经营,全面发展的方针,从此养貉业才逐渐地发展起来。

我国人工饲养的乌苏里貉是从1957年开始,起步较晚,但发展很快。历经几度风雨与兴衰之后,目前由原来的小规模分散型的庭院饲养转向大规模、密集型产业化方向发展,各地养貉爱好者,普遍重视对良种貉的培养,改变原来只注意养貉数量转向注重貉皮质量的现代养貉的新观念,养貉者在每年冬季留种貉时都把体形大、性情温驯、毛质好的优良品种貉留做种用。让优良品种貉的遗传基因传给后代,使后代貉的体型、毛色、毛质都明显优于它的父母代种貉,采用这种"优选法"育种,不仅提高了母貉的产仔量,也提高了毛皮质量,养貉经济效益也明显提高。各地养貉场普遍重视对种貉的营养调控,合理使用各种动物性、植物性饲料,以全价配合料为主,提供充足营养成分让幼貉吃饱长足,为收获特大号貉皮打下良好基础。褪黑激素在商品貉体上的使用(注:褪黑激素只能用于取皮的商品貉,避免在公、母种貉身体上使用),能使商品貉在冬毛生长期间快速吸收利用饲料中的营养成分,促使商品貉的毛皮提前成熟,而且毛色光亮,毛绒充足,商品貉皮能提前45天进入市场。褪黑激素的使用能有效地降低养貉生产成本,使养貉者所获得的经济效益也明显提高,现在大规模的养貉业形成了一门新兴产业,随着养貉业的深入发展和养貉技术水平的提高,促进了貉产品加工业的发展,如用拔掉针毛的貉皮制作的男女式大衣、皮领、皮帽、毛条等工艺品,既有使用价值,又有观赏价值,深受消费者的欢迎。实践已证明了我国养貉业正以小动物、大产业的态势向前健康发展,养貉业为我国"科教兴农和科技扶贫"事业的快速发展发挥着重大作用。

第二节　养貉的意义

　　随着改革开放的深入发展,国家对农业产品结构进行了一系列调整,农村经济发生着天翻地覆的变化,农民的经济收入稳步提高。由传统大农业"以粮为主"温饱型的生产方式转向多元化发展经济型的现代大农业发展过程中,养貉业步入了农产品结构调整的大潮中去,由于养貉业在全国各地快速发展,它已成为养殖业中的一面旗帜,为安置农村剩余劳动力和城镇下岗职工再就业做出了不可磨灭的贡献,不仅有着可喜的经济效益,而且取得了显著的社会效益。

　　自从我国加入世界贸易组织(WTO)以来,貉产品走向世界,先后有俄罗斯、韩国、土耳其等国争购我国北方各地生产的貉皮,乌苏里貉皮成为国内外裘皮市场上畅销产品,出口数量逐年增加,价格坚挺,购销两旺,呈现出前所未有供不应求的好势头,促进我国养貉业进入养殖高潮。近年来,虽然我国养貉数量快速增加,貉皮质量也明显提高,貉皮上市量增大,但仍难以满足裘皮市场的需求。据国内研究毛皮动物发展的专家们预测,我国养貉业与其他毛皮动物一样,将出现一个持续发展的新机遇,养貉者一定要抓住这一大好时机科学养貉,在养貉过程中应注重品种培育,多生产优质貉皮既为国家增加外汇汇源,也增加个人家庭的经济收入,所以说养貉业对活跃毛皮市场,繁荣市场经济,促进社会安定,为支持国家现代化建设有着重要的现实意义。

第三节　养貉业的发展前景

人工养貉业已成为我国长江以北沿海地区的支柱产业,其经济效益可观,在现代化农业产品结构调整中,养貉业在农民脱贫致富中起了重要作用。现在国内、外毛皮市场上,貉皮需求旺盛,价格坚挺稳定,100厘米以上乌苏里貉皮达到320~360元,这直接刺激了养貉者的养貉积极性,养貉业由原来分散的、小规模的饲养向较大规模的、密集型饲养的方向快速发展。但养貉者应该注意到,养貉业与其他养殖业一样,尽管貉皮市场前景看好,但也存在一个优胜劣汰的发展规律,在快速发展的同时也会遇到许多实际困难,在发展的进程中会有曲折,中国有句古话叫做"家有万贯,带毛的不算"和"快马赶不上毛皮行情",貉皮价格在毛皮市场上变化快、差距大。因此,养貉者一定要有超前意识,在养貉高潮中要预见低谷的到来,在低谷中要适量保留优良品种,以求生存,等到养貉高潮到来时,让优良品种发挥出更大的生产能力,再求发展。养貉者只有坚持"有利无利常在行里",在日常养貉生产中,认真组建高产的良种貉群,降低饲养成本,努力提高毛皮质量,树立"以质取胜"的信念,应对未来的市场竞争,才能在无情的市场竞争中立于不败之地。注重貉品种培育,采用高水平饲养,养貉者如果不注重培养新品种,仍然采用"有啥喂啥"的传统饲养方法,其后果是生产的产品因无市场竞争能力而惨遭淘汰。市场是一只无形的手,利用好了,它能使你的财富快速增长;利用不好,它能使你万贯家产瞬间化为乌有。因此,养貉者必须要有提高科技意识、重视市场信息的新观念,要有强烈的行业竞争意识,养殖新品种,引入新技术,努力提高毛皮产品质量,增强危机感和紧迫感,树立以市场信息为导向的人无我有,人有我优,人优我精的生产经营理念,走规模化和产业化的发展道路。

第四节　节气与养貉的关系

我们大家都知道万物生长靠太阳,养貉与万物一样,同样离不开太阳的光照,貉的生长发育全过程与太阳的光照有着密不可分的关系,貉的生殖器官的发育变化也随着季节光照的变化而变化。

众所周知,地球绕太阳运转 1 周约 365 天 5 小时多一点,运转全程 9 万 4 千米,人们把这个公转公式称为太阳黄经,划分为 360°,再分 24 个等份,每个等份 15°为 1 个节气,两个节气之间相隔 15 天,全年划分为 24 个节气。24 个节气是我国广大劳动人民在长期的实践中总结的结晶。

太阳直射地球的赤道时,南、北半球正好是昼夜平等的,地球所在的太阳黄经分别为春分 0°,夏至 90°,秋分 180°,冬至270°,春分360°,反过来又从春分0°开始,地球每运转15°就是1个节气,周而复始,当地球运转到翌年春分时正好是360°,也就是从0°开始再运转。每个地区所在位置的每年光照时间是永恒的、最有规律的周期变化。24个节气中每节气都有它特定意义,它充分反映着万物对阳光的要求及自然现象,反映四季有立春、春分、立夏、夏至、立秋、秋分、立冬、冬至,其中春分、秋分、夏至、冬至是节气的转折点,对养貉者来讲特别重要。春季是貉的发情与配种、妊娠时期;夏季是母貉的产仔与哺乳及仔貉分窝后独立生活时期;秋季是种貉体质恢复期和幼貉分窝后生长发育最快时期;冬季是貉的体况成熟取皮时期,也是养貉者的收获季节。所以,节气与养貉有着密切关系(图1)。

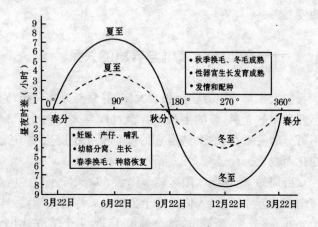

图1 日纬周期的时差曲线

—北纬45°地区
—北纬20°地区

不同纬度的地区在同一天,不仅有不同的昼夜时差,而且有日照时间的纬度时差区,以夏至为例,北纬45°的哈尔滨市日照时间为 15 小时 36 分,昼夜时差为 7 小时 12 分;北纬 20°的海口市日照时间为 13 小时 20 分,昼夜时差为 2 小时 40 分,两地昼夜时差相差 4 小时 32 分。

第五节 关注乌苏里貉的健康养殖

从事养貉的人们,在对貉的日常饲养管理中,从母貉的发情、配种、妊娠、产仔、哺乳、分窝及成长发育的全过程中,都充满着人们对貉的关注,每天都细心照料着它们的生活,让它们健康地生长着。在长期的饲养管理中,饲养者与貉结下深厚情感,从貉的表情上与发出的声音中知道它们需要什么,什么声音是喜,什么动作是怒,什么叫声是哀,什么表情是乐,掌握好貉的情绪变化对饲养管理很重要。养貉者只有明白了它们的各种声音,才能细心地照料好它们所需的饮食起居。春季气候温和,人们为貉配种,让貉正常繁殖后代;夏季天气炎热,人们为貉遮阴防暑降温,让它免受烈日暴晒;秋季天高气爽,人们让貉吃饱吃好,让貉快速成长;冬季天气寒冷,人们把种貉放在背风向阳的地方,让它免受寒风的袭击。貉在一年四季生长的全过程中都在人们关注中健康地成长着,貉为人们创造很高的经济效益。养貉者应该严格遵守《野生毛皮动物驯养繁育利用行业自律公约》,爱护与善待它们,给它们较大的活动空间,让它们自由地生活着,当它们将为人们奉献生命的时候,采用电击法让商品貉在 3 秒钟内无痛苦地快速安逸地死去,严禁使用暴力处死毛皮动物,这就是给毛皮动物的一份关爱,也是人们文明进步的具体表现。

第六节 养貉经济效益的分析

养貉生产是要有经济效益,所谓经济效益,就是将投入的资金、产出的产品、所获得的利润进行全面分析。下面以1年养1只母貉为例,对其饲养成本和利润进行简要的分析。

一、养殖成本分析

每养1只母貉,它1年所需的饲料费200元,可以产仔6~8只,每只小貉养到取皮需要饲料费用100元,按产6只计算共需600元,总投入800元。

二、利润分析

每只小貉养到取皮时可卖260元以上。貉皮:6张×260元=1560元,除出投入800元,最低可赢利760元,投入产出比为1:1.95。

这里还没有计算进去的是貉的油脂、貉子绒毛、针毛的加工和再利用,另外貉肉、貉胆、貉油的开发利用也没有计算进去。如果综合利用得好,将这部分的效益加进去,它的经济效益就更高了。所以说,养貉的经济效益是非常显著的。

三、市场因素的影响

近年来,市场行情受到普遍关注。市场行情的变动很难预见,会受到市场需求、市场开发和养殖数量等多因素的影响。

目前,特种动物养殖行业的发展在我国不断的发展与壮大。养貉是建国以后才在我国兴起人工饲养的,历经几度兴衰,目前已经形成产业,并且具备商品性生产能力。近年来由于深化改革,人们生活水平不断提高,达到小康生活标准的人越来越多,打开了国内毛皮市场,毛皮动物饲养业也就随之再度兴旺。尤其是养貉业发展得更快,在科研、生产以及产品加工的开发和利用方面,都取得了重大的突破,为进一步发展奠定了坚实基础。

第二章　乌苏里貉的生物学特性

　　乌苏里貉是我国东北地区特有的珍贵的野生毛皮动物，经人们长期驯化，由野生变家养，由原来小规模养殖向大规模产业化发展，养殖数量成倍增加，已成为特种养殖业中的佼佼者，乌苏里貉在养殖业中被人们视为珍品。

第一节　乌苏里貉的分类与分布

　　野生貉在我国分布很广，几乎遍及全国大部分省、自治区，共有7个亚种。其中乌苏里貉因体型大，绒毛稠密，针毛光润，皮质优良，经济价值高而闻名于世，属于貉中珍品。目前，我国笼养貉中，绝大部分养殖的是乌苏里貉。

一、分　类

　　人们俗称貉为狸、土狗子、毛狗子等。貉在动物分类学上属于哺乳纲、食肉目、犬科、貉属的杂食性毛皮动物，原产地在西伯利亚东部地区。乌苏里貉是东北亚地区特有绒毛尖爪型野生毛皮动物。

二、分　布

　　貉主要分布于中国、俄罗斯、蒙古、日本、朝鲜、越南、芬兰、丹麦等国家。貉在我国分布很广，几乎遍及全国各省、自治区，人们根据它的分布范围和栖息环境、习惯称南貉和北貉。南貉主要分布于浙江、江苏、安徽、湖北、湖南、江西、四川、云南、贵州等省,南貉体型略小于北貉,针毛较短,绒毛稀疏,但色泽多比北貉光润美观。北貉主要分布于黑龙江省的黑河、萝北、抚远、饶河、密山等地区及内蒙古自治区的北部。该地区的貉体型大,绒毛长而密,光泽油亮,呈青灰色,尾巴短毛绒稠密,貉皮质量居全国之首位;分布于齐齐哈尔、牡丹江和松花江地区的貉,体型稍小,毛绒色泽光润,呈灰黄色,毛绒稍短皮薄,品质次于前者。

分布于吉林东部延边、通化地区的貉,体型稍大,毛绒厚足,呈青黄色,分布于辽宁东部宽甸、桓仁、新宾、清原、西丰等地的貉,体型大,针毛呈茶黄色,绒毛平齐,绒根呈淡紫色,人们统称"紫绒根貉",体态圆胖,体质结实健壮,具有较强的适应性与繁殖能力,称为地方优良品种。

分布于河北、山东、山西及西北地区的貉,体型与辽宁省的貉相似,针毛较细而尖,底绒略少于东北貉,呈黄色,有黑毛梢。

目前,全国各省、自治区人工饲养的貉,绝大多数来源于北貉,并以黑龙江省生产的乌苏里貉为主。

第二节　貉的外形与毛色

一、外　形

乌苏里貉外形很像狐狸,但体形较肥胖,尾巴短而尾毛蓬松,两耳短小,嘴巴短而尖,四肢短而细,行动呆笨。成年公貉体重 6.5～9.5 千克,最大的体重在 11 千克以上,平均体长65 厘米左右,体高 28～35 厘米,尾长 18～23 厘米,针毛长 9厘米,体毛长 6 厘米;母貉体重多在 6～9 千克,最大体重 11

千克,平均体长在 60 厘米左右,体高 30 厘米左右,尾长15~20 厘米,针毛长 8 厘米,绒毛长 5 厘米。足垫肉质无毛,前肢5 个趾,第一趾不着地,后肢有趾。

二、毛　色

乌苏里貉的毛色是青灰色,颈背部针毛梢呈黑色,主体部分呈青黄色或略带橘黄色,底绒呈灰色。两耳后侧及背中央掺杂较多的黑色针毛梢,由头顶伸延到尾尖,有的形成明显的黑色纵带。貉体两侧毛色较浅,两颊横生淡黄色长毛,眼睛周围至下颌被毛短齐为黑色,长毛突出于头部的两侧,形成明显的"八"字形黑纹,突出于头部两侧。腹部毛色最浅,没有黑毛梢,四肢为黑褐色,足垫无毛。乌苏里貉在家养条件下,毛色变异非常大,整个背部及两侧呈黑褐色,底绒多呈紫灰色为珍品。

另外,吉林省又培育出新品种"吉林白貉",白貉全身绒毛为雪白色,无杂色,遗传基因稳定,无退化现象,白貉的商品皮,自然美丽,深受消费者喜爱,经济价值高,在市场上白貉皮销售价格明显高于乌苏里貉皮。白貉养殖因时间短,数量少,还没有形成生产规模,白貉的养殖市场发展前景广阔。

第三节　貉的生活习性

一、栖息环境

野生乌苏里貉常寻觅比较安静的地方,并需要有一定的遮掩物以躲避天敌袭击,因此常栖居于人烟稀少的山野丘陵、荒山草丛、河谷、苇塘和靠近河流、湖泊附近的灌木丛中。在不同季节里有不固定的栖息地,这是根据不同的食物来源、气候变化以及哺育仔貉和自身安全需要,而不断地变换栖息地点。

二、有合群居习性

乌苏里貉在同种类之间很少相互攻击,它们通常一公一母对居一洞穴中,但也有一公多母和一母多公的同居在一起,共同繁殖后代。幼貉长成后,公、母貉仍然同幼貉住在一起,冬季到来之前,幼貉体况发育成熟后,待找到新洞穴时,离开成年公、母貉独立生活。

三、活动行为

貉听觉不灵敏,行动呆苯不灵活,多疑。常在洞口附近不规律地走动,有意让足迹模糊不清,用以迷惑敌人,但貉不如狐狸狡猾。平时表现性情温驯,反应迟钝,在捕捉小动物时,则反应灵敏。貉有定点排泄粪便的习惯,在笼养条件下,仍保持这一习惯。

四、食　性

貉在弱肉强食的野生动物世界里属于弱者,食性较杂,由于天敌较多,使貉养成昼伏夜出的觅食习惯,多数都在傍晚或夜间出来活动觅食,常用潜伏偷袭的方式猎取食物,主要以鸟、鼠、蛙、鱼、虫等小动物为食,在食物缺乏的季节也采食各种植物的根、茎、叶、果、籽等。

五、换　毛

貉每年换毛1次,从春分开始脱冬绒毛换夏针毛,至夏至前的 90 天内完成。因为从春分到夏至是白天长夜间短,光照时间长,天气最炎热,夏针毛稀疏有利于貉体散热;从秋分以后开始慢慢长冬毛,至冬至前 90 天内完成,因为从秋分至冬至是夜长白天短,光照时间慢慢变短,天气逐渐转凉,貉体长出丰厚的冬毛主要是防寒护体,防止冬季貉体内热量散失,有利于度过漫长的寒冷冬天,冬至是貉体成熟时期,也是毛绒最丰厚、色泽最美观时期,貉的换毛是随着季节变化而变化的。当年生产的幼貉从 40 日龄后开始,脱掉浅黑色胎毛,3~4 月龄时长出栗褐色冬毛,11 月下旬,当年貉的毛被成熟度与成年貉毛被基本一样。

六、寿命与繁殖

乌苏里貉的寿命为 12~16 年,繁殖年限为 8~10 年,一般利用 5~6 年,最佳繁殖年龄为 2~4 年。貉是季节性繁殖动物,每年立春以后到夏至时节,母貉逐渐开始进入发情、配种、受胎、产仔、哺乳阶段,在夏至节气到来前结束,共 90 天时间,也是光照时间渐进变化的最长时期。

貉从秋分开始至冬至 90 天时间里是光照时间逐渐变短时期,公、母貉生殖系统开始发育,幼貉从 40 日龄以后开始,脱掉浅黑色的胎毛,3~4 月龄时长出黄褐色冬毛,11 月下旬毛被成熟度与成年貉相近似。

貉是季节性繁殖动物,春季 2 月上旬至 3 月下旬发情配种,也有饲养管理水平好的母貉,在 1 月下旬就开始发情配种;出生较晚,饲养管理差的母貉,4 月份才开始发情配种。母貉妊娠期平均在 60 天左右,每年只产 1 胎,每胎平均 6~10 头,哺乳期为 60~65 天。

七、生理常数

貉的体温为 38.1℃～40.2℃,脉搏 70～146 次/分,呼吸 23～43 次/分,红细胞 584 万个/毫米^3,白细胞 12.052 万个/毫米^3。

第四节　貉的骨骼、关节及肌肉系统解剖

貉的全身骨骼约 230 块,分为头骨、躯干骨和四肢骨三大部分,貉的骨骼是貉体内最坚硬的组织(牙齿没计算在内)。

一、头　骨

貉的头骨近似长卵圆形。头骨多为扁骨,共 46 枚,分为颅骨、面骨、舌骨和听小骨 4 部分。

(一)颅　骨

是构成颅腔的 14 块骨的总称。颅腔有保护脑的作用。组成颅腔的骨有枕骨 1 枚,蝶骨 1 枚,筛骨 1 枚,顶间骨 1 枚,顶骨成对,腭骨成对,额骨成对,泪骨成对。

(二)面　骨

共有 15 块骨,位于颅骨下方。由于貉嗅食寻物,演化成嘴凸鼻长,而其下颌也很发达并伸长。主要有上颌骨成对,前颌骨成对,腭骨成对,翼骨成对,鼻骨成对,颧骨成对,犁骨 1 块,下颌骨成对等骨构成眼眶、鼻腔、口腔的骨质支架。

(三)舌　骨

由 11 块骨组成,骨体为稍弯曲的横柱状骨。前后压扁,在骨体上有向外伸出成对的枝角。有支撑舌根、咽及喉的作用。

(四)听骨

位于中耳内,由锤骨、镫骨、砧骨 3 对小骨组成,是听觉的传导者。

正面看头骨:枕嵴高大呈弯嵴状,两侧弯向后外侧。矢状嵴隆凸,沿枕骨的背侧面向前下方延伸。在额骨和鼻骨背侧面正中,具有一条明显的前后延伸的浅沟。额骨颧突基部无眶上孔。颞骨颧突和颧骨颞突相连,突向侧方,构成颧弓。面嵴不发达。鼻骨短,其前端与上颌犬齿的前缘相对。

侧面看头骨:额骨颧突短,不与颧弓相连,因此使眶窝与颞窝直接相通,可称眶颞窝。蝶腭窝位于眶颞窝前部的底壁上。下颌支的咬肌面深陷。在下颌支后缘中部伸出一个大的骨质突起朝向后方,在突起的背侧伸出下颌骨的关节突与颞骨的髁状关节面形成下颌关节。下颌骨的冠状突宽大呈板状,前后延伸,突入眶颞窝内。

底面看头骨:下颌骨发达。两侧下颌骨前部相合成"V"字形。下颌间隙由前向后逐渐变宽。下颌骨的下缘平直,血管切迹不明显。枕骨体平而宽,两侧与颞骨岩部相接。枕骨的颈突短。颞骨岩部的鼓泡大而圆。骨质外耳道很短,在颞骨岩部表面仅见大而圆的骨质外耳道的外口。

二、躯干骨

分为脊柱骨、肋骨和胸骨。

(一)脊柱骨

貉的脊柱骨由 50～53 枚椎骨组成。其中除荐骨由 3 枚荐椎愈合成 1 块骨外,其余脊椎骨均是分开的。椎骨可分为颈椎骨 7 枚、胸椎 13 枚、腰椎 7 枚、荐骨 3 枚(荐椎愈合)和尾椎 20～23 枚,其尾椎骨的数目常有变化。所有椎骨互相连接构成脊柱,成为貉体的中轴,具有保护脊髓、支持头部、悬吊内脏、支撑体重、传递冲力等作用,作为胸腔、腹腔及盆腔的支架。

(二)肋 骨

共有 13 对,其中前 9 对为真肋,其余 4 对为假肋。最后的肋骨不连前肋,称浮肋。

(三)胸 骨

前端称胸骨柄,两侧有 8 对肋窝,与胸肋骨的肋软骨相连,后端的圆形软骨称剑状软骨。胸骨与 13 枚胸椎、13 对肋骨构成呈圆筒状的胸廓。

三、四 肢 骨

分前肢骨和后肢骨。

(一)前 肢 骨

由肩胛骨、肱骨、前臂骨(尺、桡骨)、前足骨(腕、掌、指骨)构成。

(二)后 肢 骨

由髋骨、坐骨、股骨、膝盖骨、小腿骨(胫骨、腓骨)、后足骨(跗骨、跖骨、趾骨)构成。

此外,貉的阴茎内还有 2 块茎骨,是生殖器官的辅助骨骼。阴茎骨腹侧面凹陷为尿道沟。

骨骼除构成貉体坚固的支撑系统、维护体形、保护内脏器官和供肌肉附着之外,在较大骨骼内含有骨髓,为一种造血组织。

貉骨的结构。貉骨实际上是貉体内软硬结合的产物,骨质由于结构不同可分为 2 种:一种由多层紧密排列的骨板构成,叫做骨密质;另一种由薄骨板即骨小梁互相交织构成立体的网,呈海绵状,叫做骨松质。骨密质质地致密,抗压抗曲性很强;而骨松质则按力的一定方向排列,虽质地疏松但却具有既轻便又坚固的性能,符合以最少的原料发挥最大功效的结构原理。

不同形态的各种骨骼,其功能特点也不同。在骨密质与骨松质的配比上也呈现出各自的特点。以保护脑组织功能为主的颅骨,其内外两面是薄层的骨密质,叫做内板和外板,中间镶夹着的骨松质叫做板障,骨髓就充填于骨松质的网眼中。以支持功能为主的股骨和胫骨,外周是薄层的骨密质,内部为大量的骨松质。

貉骨在结构上可分为皮质和髓质两部分。骨髓质是造血的"工厂",真正坚硬的是骨皮质。骨皮质的成分中含有水 50%,脂肪 15.75% 以外,还含有有机物(骨胶质等)12.4%,各含有钙、镁、钠、磷等无机物 21.85%。貉骨的有机物好像钢筋,组成了肉状结构,分层次地紧密排列,有机物使貉骨骼具有弹性和韧性;貉骨的无机物中的钙和磷结合而成的羟基磷灰石,能紧密地填充于有机物的网状结构里,像钢筋水泥一样,又使貉的骨骼具有相当的硬度和坚固性,从而形成了貉体中"钢筋水泥"支架一样,支撑着貉体,保护貉体中各个内脏器官不受外界因素造成的侵害,帮助貉体运动。

四、关　节

骨与骨之间形成可动性连接部位结构称关节。由关节面、关节软骨、关节囊及韧带组成。关节是活动的枢纽,肌肉在神经支配下牵引骨而引起各个不同关节的活动,从而使肢体改变姿势形成运动状态。

五、肌　肉

貉体上的各种肌肉好比是貉体的一台发动机,貉体的各种运动主要靠肌肉。这些肌肉连接着貉身上每一块骨头,能伸能缩,配合默契。肌肉的形状、长短、大小各不一致,有细长的四肢肌肉;有短粗的脊椎骨之间的肌肉;有偏宽的胸、背肌肉。

貉体内肌肉有 3 种,即能伸能缩的肌肉,称为骨骼肌;构成心脏壁的肌肉称为心肌,也是最"辛苦"的肌肉,每分每秒都不停地跳动着;主要分布于胃、肠壁上的脏肌是平滑肌。心肌和平滑肌是不能随意收缩运动的。一般所说的肌肉是指骨骼肌。

骨骼肌绝大部分都附着在骨骼上,维护貉的各种姿势和运动。骨骼肌的每块肌肉都分布有丰富的血管和神经,以此来供应肌肉的营养和调节肌肉的活动。骨骼肌的发达与否直接关系到貉的体形与毛皮质量。

骨骼肌可分为头部肌、躯干肌和四肢肌。在此主要介绍躯干肌部分的主要肌群,如胸部、腹部和背腰部的几个肌群。

(一)胸部肌肉

包括附着在胸椎、肋骨、肋软骨与胸骨的肌肉。胸部浅层肌肉有胸浅肌和胸深肌。深层肌肉包括肋骨提肌、肋间肌和膈等。

1. 肋骨提肌　位于肋骨间隙的背端,起自胸椎,是由一些前后排列的小肌所组成。貉具有 12 对肋提肌。

2. 肋间肌　位于两肋骨之间,包括内外两层肌纤维方向不同的肌肉。在内层的为肋间内肌,外层的称肋间外肌。貉的肋间肌也有 12 对。

3. 膈   是隔开胸腔与腹腔的一个不对称的扁平肌,附着于腰椎和剑状软骨之间。其周边为肉质,中央为腱质。膈的顶部左右不对称,左侧与第六肋骨相对,右侧约偏后1个肋骨间隙。

(二)腹部肌肉

包括腹外斜肌、腹内斜肌、腹横肌和腹直肌。

1. 腹外斜肌   起自最后8或9个肋骨的外面和腰背筋膜,止于腹白线,是一宽广的扁平形肌肉,左右各一。

2. 腹内斜肌   起始于髋结节及腰背筋膜,有一肉质附着部连于最后的肋骨上。

3. 腹横肌   起自假肋下端肋骨、肋软骨内面和腰椎横突,止于剑状软骨及腹白线。

4. 腹直肌   位于腹壁侧部,胸骨与耻骨之间。

(三)背腰部肌肉

包括锯肌、肋最长肌、背最长肌、横突间肌与棘间肌。

1. 锯肌   肌纤维束呈锯齿状,位于背腰部的为上锯肌。上锯肌又分为前、后两肌,前上锯肌起始于颈背部正中纤维缝及前6个或7个胸椎棘突,止于第二至第九肋骨,其腹侧缘成锯齿状。貉的前上锯肌相当发达,后上锯肌很薄弱,起于腰背筋膜,止于最后3个或4个肋骨。

2. 肋最长肌   起自髂骨、向前止于第六、第五或第四颈椎,其浅面接上锯肌,深面接肋骨与肋间外肌。貉的肋最长肌相当发达。

3. 背最长肌   是全身最长的一个肌肉,起自髂骨、荐骨的棘突和腰、胸椎的棘突,向前直达颈部。

4. 横突间肌与棘间肌   为背腰部深层的短肌,横突间肌存在于棘突顶。棘间肌很明显,在腰部更为发达。

第五节　貉的经济价值

乌苏里貉是经济价值较高的毛皮动物,养貉的目的是收获貉皮,貉皮则以柔韧有度、色泽美观、毛绒丰厚、保温性好而著称,是制作各种男女服装的上等原料皮,貉皮与狐皮、水貂皮成为毛皮市场3大支柱产品,貉皮在国内外毛皮市场上占有很高地位。

养貉除收获貉皮外,其他副产品也有综合利用价值,开发潜力很大。

一、貉　肉

貉肉细嫩鲜美,无异味,营养丰富,可与狗肉媲美,用貉肉制作的各种食品,是很好的野味佳肴。明代著名药学家李时珍在《本草纲目》中曾有"貉肉甘温、无毒,食之可治元脏虚痨及女子虚愈"的记载,貉肉是治疗妇女产后寒证的特效良药,貉心有镇静安神的功效,治疗心脏病与少年儿童癫痫病疗效甚好。

二、貉胆、貉鞭

貉胆有镇静止咳的功效,是治疗儿童百日咳的良药。貉鞭是公貉阴茎,它有补阴壮阳的特殊功效,睾丸晾干后制成药酒,可以治疗老年中风症。

三、貉　骨

貉骨用于生产骨胶、骨粉原料,貉骨粉是钙、磷平衡和易于被其他动物消化吸收的优质矿物质饲料。从貉骨中提炼的脂肪,是化妆品生产中的高级原料。

四、脂　肪

每年冬季宰貉取皮时,在每只貉体内外,能收获到2000克以上的貉脂肪,这些脂肪制熟后无异味,能食用,也可做其他动物的饲料油,还是制作高级化妆品的原料。据有关医学资料报道,貉脂肪对湿疹、头皮屑的治疗很有疗效,特别是牛皮癣、鱼鳞状皮肤癣治疗效果特别明显。

五、貉　粪

貉粪中氮、磷、钾的含量非常丰富,能为现代化农业生产提供优质有机肥料来源。作为有机肥料的貉粪肥能保持土壤肥力,促进农作物增产。貉粪肥不仅能给农作物提供所需要的氮、磷、钾养分,还有增强地力和改良土壤作用。使用貉粪肥对提高农作物产量有明显效果,所以说貉粪肥是现代化无公害农产品生产中难得的高效有机肥料。"貉身全是宝"这是养貉者对貉经济价值的高度概括。

第三章　养貂场的建设

养貂场地是直接影响生产效果及生产发展的重要因素。场地的选择是一项科学性和技术性较强的工作,所以建貂场前要经过大量实地考察和反复进行可行性论证后,先进行规划,再根据投资规模来确定养貂场的建设规模与将要饲养的种貂群数量及生产经营方式。要量力而行,根据自己的经济实力来规划养貂场的建设规模。

第一节　场地环境

乌苏里貂虽然已经有 50 多年的人工养殖历史,但仍然保持原有野生貂特殊的野性,需要僻静的生活环境。所以,建貂场应选择地面干燥、水源充足、背风向阳的地方。有干净的地面,最好是沙土地面,这样能较好地吸收和疏导乌苏里貂的体液及其污染液,以保证乌苏里貂适应气体代谢,从而提高貂体对疾病的抵抗能力。貂场应远离有噪声及有污水等地方。貂场内既要通风干燥、采光性好,又要有遮阴设施,防止日光暴晒,周围要有 2.5 米以上围墙。

一、自然条件

自然条件是貂场建设的首选条件,建貂场所选择的场址,必须符合乌苏里貂的生物学特性。建造适合乌苏里貂生长、繁殖需要的养貂场,才能生产出优质貂皮。

貂场应建在地势较高、地面平坦干燥、易于排水的地方。

场地应保持冬暖夏凉,背风向阳,不受寒流侵袭。

水源在养貂场里十分重要,因加工饲料,清扫场地,貂群的饮水,都需要大量清洁用水,所以养貂场用水要符合人用水标准,绝对不能使用被化工、农药等污染的水。地下水应没有污染,并含有各种对人类有益的微量元素,所以说,养貂场使用深井水最可靠。

二、饲料条件

建貂场前要考虑到动、植物饲料的来源,保证饲料供应是建貂场的重要条件。一个饲养 100 只种貂的养貂场,貂群平均以每只母貂繁殖成活 5 只仔貂计算,连老貂带小貂共 600 余只,1 年约需用动物性饲料 12 吨,植物性饲料 20 吨,各种蔬菜 6 吨,所以说一个养貂场,如果饲料都难以解决,生产也就难以搞好。因此,只有在交通运输方便、饲料来源充足的地方,才适合建貂场。

三、技术条件

养貂是一项技术性很强的养殖业,筹建养貂场前必须先学习养貂基础理论知识,培训养貂技术人员,使饲养管理人员通过现场实习,不断提高和掌握养貂技术水平,还要经常聘请养貂技术人员来场现场指导养貂技术工作。养貂实践业已证明,要想养貂成功,离不开专业技术这一基础条件,先学养貂技术,而后再开始养貂,以免因不懂技术而盲目上马,造成不必要的经济损失。

四、社会环境条件

养貂场应选择靠近公路运输条件比较好的地段,但同时要保证场内环境安静。养貉场应与其他畜禽养殖场保持一定距离,养貉场内供电要符合当地规划标准,不能随便私拉乱接,要保证人、畜安全。养貉场规划要求整齐,布局合理,有利于长远发展。

第二节　貉场规划布局

貉场布局应按照各个功能区来规划,要考虑到外界对貉场的影响,各个功能区之间的相互影响,以及貉场对外界的污染。养貉场规划可分为 3 条平行线来建设。貉场布局应按办公区、生活区为一线,生产区为中线,污物处理区为下线来划分,各个功能区相对独立,不能交叉使用。

一、办 公 区

该区为行政管理,对外联系,财务结算等公共活动场所。该功能区不得建设在上风口和下风口,应建设在生产区风向平行的另一侧。

二、生 活 区

该区为貉场饲养人员生活区域,包括宿舍、食堂、浴池等,该区可与办公区并立相通。

三、生产辅助区

该区直接为生产区提供后勤服务,主要包括:饲料加工与贮存室、医药防疫室、商品貉皮贮存室等。

四、生产区

该区是貂场的生产核心,是貂场重点管理部位,种貂繁殖,仔貂出生和幼貂育成的地方等,不能与外界相通。

五、粪便处理区

该区是建设貂场时不可忽视的一部分,主要是存放貂的粪便。该区应放在生产区的下风口,并与其他建筑物保持一定距离。

第三节　貂棚的设计

乌苏里貂的棚舍是供其防寒、避暑、遮挡风霜雨雪和生养栖息的简易设施,可因地制宜,灵活设计,就地取材。其形式多样,可建成人脊形、一面坡形。但棚舍要根据乌苏里貂生物学特性需要,一般应从温度、光照、通风等方面来考虑,既可笼养貂,也可圈养貂。做到既要操作方便,又要达到经济实用的目的。大型养貂场的棚舍,一般长度在 20～30 米,宽度为4.5～5.5 米,棚檐高2.2 米,貂棚相距4 米,棚与棚中间栽树为夏季遮阳,又能增加貂场经济收入。种貂棚东西方向,南面向阳放母貂,北面背阴放公貂。仔貂育成期南北方向利于仔貂发育成长。

一、人脊形貂棚

人脊形貂棚两头山墙高3 米,山墙中间留有高2 米,宽1.2 米门,貂棚两侧不砌墙,用砖砌成柱子支撑貂棚,脊高3米,宽4.5 米,棚内梁底高为2 米,棚檐高为1.8 米,棚内地面要高于棚外地面 20 厘米,貉棚两侧要有排水沟,棚舍相距 4 米。两侧排放笼子,中间为人行道,便于饲养人员操作。种貉棚舍应东西方向,南面朝阳放母貉,冬季利于母貉多见阳光,促进早发情及产箱保温;北面背阴放公貉,能使公貉在发情期性欲旺盛,发情期延长,利于配种。幼貉育成棚舍应南北方向,夏季防止中午阳光直射,利于幼貉生长发育。

二、一面坡形貉棚

一面坡形貉棚用 2.5 米水泥杆做立柱,用竹子、木棒做檩,上面盖上 1.5 米×0.6 米的石棉瓦,做成前檐高 1.8 米,后檐高 2.5 米靠在墙上,宽 3.5~4.5 米的敞开式貉棚。

三、其他设备

貉场内还应设计布局整齐的饲料加工室、毛皮加工室,供水、供电、冷藏设备以及各种饲养工具、捕捉用具应配备齐全。

第四节 貉 圈

近年来,由于养貉业的不断发展,许多地方养貉场对商品貉探索进行圈养,并摸索出一套切实可行圈养貉的经验,圈养主要优点如下。

一、加大空间

由于圈舍面积大,貉的活动空间增大,解决了笼养貉的肢体拥挤,使貉的活动受到限制,不能自由活动的难题,增加了貉群体的运动量,貉圈内阳光充足,空气新鲜,肢体能直接接触地面,保证了商品貉体质健康,使其生长发育快,降低了貉群体发病率。特别是商品貉的四肢能直接接触土壤,可以减少貉微量元素缺乏症,圈养商品貉比笼养貉佝偻病、异食癖明显减少。

圈养貉与笼养貉比较,采取同样的饲养方法,投放相同饲料的情况下,圈养貉生产出来的皮张大于笼养貉的皮张,而且绒毛厚,针毛光滑,圈养貉皮质量明显优于笼养貉皮。

二、貉圈建造

貉圈目前还没有统一规格,养貉者可根据自己养貉场地面积、资金和建材等情况,因地制宜修建貉圈。所建的貉圈类似猪圈模式,用单砖砌成围墙,圈长4米,宽2米,高1.2米,圈门设在圈的前方,门宽窄以有利于饲养人员出入为标准。貉圈中间用砖与水泥铺整齐,只要貉不能逃脱便可以。貉圈内地面由后向前应有一定坡度,呈15°角左右,有利于圈内脏水流出圈外。圈外靠前墙基20厘米处砌一排水沟,使圈内流出的污水排到场外。

貉圈的棚顶盖距地面2.2米左右,以饲养员在貉圈内操作方便不碰头为宜,棚盖可用石棉瓦或油毡纸等覆盖。貉棚顶盖面积最好能覆盖整个圈舍,至少能覆盖圈舍3/4面积,以免雨雪天进水造成貉圈舍泥泞,致使貉毛绒缠结而影响毛皮质量。貉棚顶盖应呈一面坡式,即由前向后倾斜,以免下雨流进圈内。圈墙前门最好预先焊好门框,而后用12号电焊网固定在门框上,这样既有利于通风透光,又保持貉圈内干燥。

上述规格的貉圈,可按1公4母的比例养貉20只左右,每只貉平均占有运动场地0.6平方米,基本与笼养貉相同,但貉体整个活动范围却比笼舍大得多,圈养貉的配种率可达100%,皮毛质量好,同时节省财力、人力,降低成本,获得经济效益高,值得大力推广。

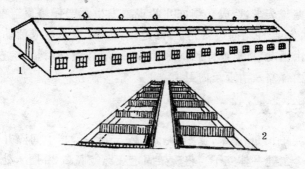

图2 貉圈示意图
1. 外景 2. 内景

第五节 貉笼与饮食具制造

一、母 貉 笼

用φ8钢筋做成长90厘米×宽60厘米×高60厘米的框架,然后用12号2.5厘米×2.5厘米电焊网固定在框架上即可。笼顶面中间用12号电焊网做成上下能活动的门,利于检查捉放种貉用。笼底用φ8钢筋两道焊牢,使笼子坚固耐用。笼前左下角用φ8钢筋做成长15厘米、高4厘米取放食具的小扁门。

二、产 仔 箱

用1厘米厚木板、水泥板或用砖砌成长75厘米、宽55厘米、高50厘米产仔箱,产仔箱在右下角做成25厘米×25厘米小门,门上有插板,产仔箱内右角25厘米处有道隔板内门长 25 厘米、宽 25 厘米,利于保温,能有效防止早期产仔母貉遭遇寒流袭击,造成仔貉冻死的现象发生。产仔箱顶盖前边 25 厘米(产仔箱前边靠笼子)固定,后边 30 厘米做成活动板,能自由活动,母貉产仔箱离地面 30 厘米高为宜,利于检查产仔箱内仔貉及清理箱内卫生。

三、育成貉笼

笼子长 90 厘米、宽 65 厘米、高 55 厘米,笼中间隔开,分成两个二笼一体笼子。将碗架固定在离笼底高 30 厘米处,使用方便,利于成年貉采食,不浪费食物。每个笼子前面做 1 个 25 厘米×20 厘米的小门,用于捉放貉,左右两下角各有 15 厘米、高 5 厘米小扁门,用于刚分窝的仔貉采食。二笼一体笼子占地面积少,使用方便,养貉好,利用效率高,有利于乌苏里貉生长发育,大型貉场、家庭养貉都能使用。

四、貉饮食用具

圆形陶瓷食碗最好,用碗架固定在离笼底 30 厘米处,也可以用 1 毫米厚铁皮制成长 25 厘米、宽 12 厘米、高 4.5 厘米的长方形食盒,使用方便,经久耐用,利于清洗,用陶瓷饮水杯子固定在笼子边上,供貉饮水用。

五、环境设施

大型貉场应有 2.5 米以上的围墙,生活区应与生产区分开,貉棚设计合理,统一规划,统一绿化,场内有饲料加工室、毛皮加工室、冷藏设备和各种养貉使用的工具及捕捉貉使用的工具。

第六节　种貂的购入

貂场建成后,对新养貂者来说,最核心工作是选购好种貂,种貂质量的好坏将直接影响养貂场的经济效益。俗话说"母貂好,好一窝;公貂好,好一群。"这句话高度概括了购种貂的重要性。只有选购到优质种貂群,才能保证养貂场的健康发展,并能获得好的经济效益。为确保购种貂工作的顺利完成,在购种貂过程中应注意以下几点。

一、购种注意事项

购种貂前先要请懂养貂技术的人到要购种的养貂场进行考察,千万不能在发生疫病地区购种。种貂必须来自健康貂群,购种前,每只种貂都要注射犬瘟热、病毒性肠炎等疫苗。运输前应开好防疫证明和运输证明,以便在运输途中供畜牧管理人员检查。

二、购种时间

引进种貂以秋季为好,立秋以后,天气渐渐凉爽,正值幼貂生长发育最快速时期,很容易分辨出个体大小及品种好坏,容易选择到优良品种貂。这时貂的体型外貌基本定型,便于运输。过早不容易观察到种貂的生长发育情况,过晚种貂由于不适应新的生活环境,往往影响翌年种貂的正常繁殖。

三、购种貂标准

购种貂时,选择种貂的标准是:个体结实、结构匀称、两眼有神、反应敏锐、活泼好动,食欲旺盛、粪便正常、毛绒完整、无皮肤病、无自咬病、无尿湿表现的成年公、母貉；公貉要求体形大、毛质纯正、雄性强、睾丸发育正常对称,四肢健壮,尾巴蓬松；母貉要求体形细长、四肢较高,性情温驯、母性要好、外阴无炎症,在 4 月下旬出生,健康可爱,食欲旺盛、毛质优良的幼貉为最好；要求系谱清楚,公、母种貉不能来源于一个养殖场,应分开异地购种,防止近亲繁殖,影响后代仔貉的正常生长发育。

此外,购种时要问清楚所购种貉的生产厂家,是否注射褪黑激素,已注射褪黑激素的幼貉,生长发育再好,也不能留做种貉用。

第四章　乌苏里貉的繁殖

人工养貉的目的,是通过对良种貉群的培育,提高母貉的受胎率和产仔率,减少空怀的比例,以实现全群母貉都能全配种、全受胎、全产仔,从而增加母貉产仔量,达到快速扩大群体。要想实现这一目的,这就要求饲养管理人员要掌握乌苏里貉的繁殖规律,全面了解其生理特点,采用"优选法"对当年准备留种的幼貉进行重点培育,组建以经产母貉为主体的高产种貉群,让具有良种优势的母貉充分发挥出高产的繁殖力,采用以优配优的配种方法,把公、母貉共同的优良基因传给后代,以提高后代毛皮质量,使养貉者获得优质商品貉皮,从而达到良种产量高,高产出高效的繁殖态势。

第一节　貉的生殖系统解剖

一、公貉的生殖系统

公貉的生殖系统包括睾丸、附睾、输精管、阴茎及副性腺等部分(图3)。

(一)睾　丸

公貉有1对睾丸,其形如卵,粉红色,略有弹性,位于腹股沟和肛门之间的阴囊中。

睾丸主要功能是产生精子,同时能分泌雄性激素,睾丸内有曲细精管,是生产精子的器官。乌苏里貉属于季节性繁殖的动物,在5～10月份休情期内睾丸变小较硬,睾丸直径8毫

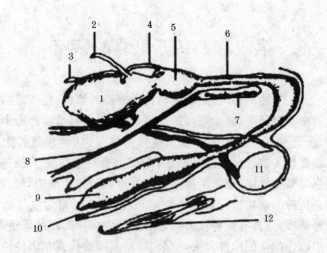

图 3　公貂的生殖器官

1. 膀胱　2. 左输尿管　3. 右输尿管　4. 输精管
5. 前列腺　6. 尿道　7. 耻骨联合　8. 腹壁　9. 阴茎
10. 包皮　11. 睾丸　12. 阴茎骨

米左右,重 1 克左右,无精子;11 月份至翌年 1 月份为发育期,睾丸的体积和重量都不断增加;在 2～4 月份发情期内睾丸明显变大,直径约 30 毫米,重 3 克左右,能产生成熟的精子,同时分泌雄性激素,使公貂有性欲要求,随时都能与母貂进行交配。

(二)附　睾

形如粗线管状结构,位于睾丸上端外缘,分附睾头、体、尾 3 部分,长度为 40 毫米左右,附睾头与曲细精管相连,附睾尾与输精管相通。

附睾的功能是输送、浓缩、贮存精子,同时精子必须在附睾内生长发育到最后成熟。

(三)输精管

输精管与附睾尾相连,输精管的外径 1.5 毫米左右,管壁的肌肉层较厚,呈粗线状。在附睾尾部附近,输精管根部是弯曲形,到附睾头部变直,并与血管、淋巴管和神经缠结在一起,形成精索,然后通过腹股沟管进入腹腔。

输精管主要功能是把成熟的精子输送到尿道口,两条输精管并列而行,到阴茎根部汇合,汇合处略变粗,并在此处开口于尿道。

(四)副性腺

貉的副性腺是位于腹腔内的腺体,副性腺主要由前列腺和尿道球腺组成,公貉没有精囊,但前列腺十分发达,包围在尿道周围。前列腺和尿道球腺能在公貉射精时排出分泌物,以稀释精液,提高精子活力。还可润滑尿道,使精子被顺利射出体外。

(五)阴　茎

貉的阴茎是外生殖器,是公貉的交配性生殖器官,阴茎细长,呈不规则圆棒状,长 90 毫米左右,粗 10 毫米左右。阴茎由阴茎根部、阴茎体和龟头 3 部分组成,外形长而尖,阴茎骨长 80 毫米左右,阴茎后部有 2 条阴茎海绵体,将阴茎包住,形成 2 个细长的膨大体,当交配时胀大,插入母貉阴道深处,使阴茎锁在阴道内,也叫连裆或锁结。直到公貉第二次射完精,膨大体才自行消失。

二、母貉的生殖系统

母貉的生殖系统由卵巢、输卵管、子宫、阴道、阴门、外生殖器官和乳腺组成(图 4)。

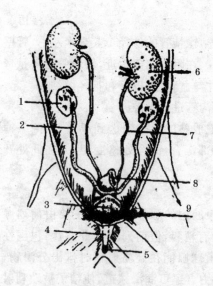

图 4 母貉生殖器官构造
1. 卵巢　2. 子宫角　3. 子宫体
4. 阴道　5. 阴门　6. 肾　7. 输尿管
8. 直肠　9. 膀胱

（一）卵　巢

母貉卵巢左右各 1 个,位于第三、第四腰椎间,肾的后缘附近,长 5 毫米左右,宽约 3 毫米,比小拇指头小一点,内部为灰白色,外部为粉红色,表面不平几乎完全被大量的脂肪覆盖,覆盖的卵巢与脂肪之间有空隙,形成一个封闭的卵巢囊。

卵巢功能是产生卵细胞的生殖器官,能周期性产生可以受精的卵细胞及分泌雌性激素,能使发情的母貉产生性欲,并接受公貉的交配,促进早期胚胎进入子宫生长发育。

（二）输卵管

貉的输卵管较细,呈长管状结构,左右各 1 条,长约 80 毫米,位于卵巢后面,与卵巢连接在一起,全部被脂肪包围着。

输卵管的功能是接纳输送卵细胞的管道,促使成熟的卵子受精,卵子受精后并能将受精卵输送到子宫体内。

（三）子　宫

乌苏里貉的子宫是由子宫角、子宫体和子宫颈组成的,子宫角左右各 1 个,位于腹腔后部两侧,分别连通着 2 条输卵管,其长度为 80 毫米左右,粗约 5 毫米。子宫体由子宫角汇合膨大形成,子宫体长 40 毫米左右,粗约 15 毫米,从子宫体向外为子宫颈,呈圆筒状,子宫壁肌肉很薄,子宫体内的黏膜形成许多皱襞,子宫颈比子宫体要细。

子宫功能是在交配的时候,子宫收缩能吸引精子向输卵管内运动;在受精卵没着床前,子宫内分泌出液体,有助于维持受精卵的发育,受精卵着床后,子宫是胎盘形成和胚胎生长发育的地方。

(四)阴 道

阴道全长 100 毫米左右,直径约 15 毫米,前端与子宫颈相接,阴道口连着阴唇。阴道由平滑肌构成,内部有黏膜,有相当大的弹性和伸缩性,阴蒂也十分发达,未经交配的母貉有一层薄膜把阴道与外阴部隔开,尿道位于前庭下壁。

在阴唇和阴道口之间有一圈环纹肌,有较强的收缩性,交配时公貉的阴茎插入阴道后,阴茎后部的 2 条海绵体迅速充血膨胀,阴道口前庭环纹肌受到刺激而剧烈收缩,使阴茎在交配时被牢牢地锁在阴道内,阴道是交配时精液被射入和暂时贮存的地方,也是胎儿和胎盘产出的必经产道。

(五)阴 门

阴门是由前庭、大阴唇、小阴唇、阴蒂及前庭腺组成的,阴蒂在静止期凹于阴门内,被阴毛覆盖不易观察,起保护阴道口作用,只有在发情期阴毛才开始分开,阴门外部急剧发生肿胀,阴蒂开始外翻、变色等一系列变化,这种变化是鉴定母貉发情的重要依据。

(六)乳 腺

母貉有 4～5 对乳腺,在腹部排列 2 行,前部自胸壁的后部起,后端达腹股沟部。乳腺的位置根据其占的部位,分为胸,腹及腹股沟 3 部分。每个乳头顶端有许多个细小的排乳孔。

第二节 繁殖特点

乌苏里貉属于季节性繁殖的毛皮动物,每年只有在春季繁殖季节期间才发情 1 次,从立春以后才开始发情、配种、受胎、产仔等,而在非繁殖季节,公貉的睾丸和母貉的卵巢功能活动都处于静止状态,一年内不会出现重复发情现象。乌苏里貉发情期很短,集中在 2 月初至 3 月中旬,最晚的在 4 月上旬,母貉个体之间差异很大。在整个发情季里,公貉一直处于性兴奋状态,随时可以配种。母貉每年只有 1 个发情周期。母貉只有在发情旺期的 3～5 天,排卵以后才接受公貉交配。

一、貉生殖器官的调控功能

貉的下丘脑、垂体和性腺是分泌和调节生殖激素的主要器官,它们之间既存在着自上而下的控制,也受到品种、性别、光照、环境、温度、营养水平及个体等多方面因素的影响,以此相互协调和制约,使乌苏里貉的正常生殖活动能顺利进行。

(一)母貉的生殖功能调节

母貉发情期主要受下丘脑、垂体—卵巢生殖轴活动规律的调节,也受外部光照、温度、营养等因素的影响,母貉在受到外部影响时,下丘脑的某些神经纤维释放出促性腺释放激素(GNRH),沿着垂体门脉循环至脑下垂体前叶,调节其促性腺激素的分泌,所分泌的促卵泡素(FSH),通过血液循环到卵巢,促使卵泡发育;促黄体素(LH)也由垂体前叶分泌,与促卵泡素共同作用,促使卵泡并分泌雌激素。雌激素由血液循环到大脑皮质,从而引起母貂发情。雌激素对丘脑下部和垂体有反馈作用,以调节促性腺激素的释放,当雌激素分泌量大时,抑制垂体前叶分泌促卵泡素。同时又促进了促黄体素的释放,出现了排卵前的促黄体素高峰,从而引起母貂排卵。排卵后,在促黄体素的作用下,卵泡的颗粒层细胞转变为分泌孕酮的黄体细胞从而形成黄体。同时,大量雌激素的分泌,降低了下丘脑促性腺激素的释放量,又从而引起催乳素分泌量的增加。促黄体素和催乳素共同促进和

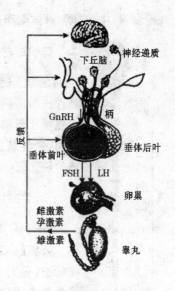

图5 貂下丘脑—垂体—性腺轴调控系统

维持黄体分泌孕酮,以表示母貂进入妊娠期(图5)。

(二)对公貂生殖器官的控制功能

下丘脑的中枢神经控制公貂促性腺激素释放激素的分泌,促性腺激素释放出来的激素经下丘脑—垂体门脉系统进入垂体前叶,控制垂体促性腺素即促卵泡素和促黄体素的分泌。促间质细胞素经血液循环到达靶细胞——睾丸间质细胞,促使睾丸酮的分泌;促卵泡素的作用是用于睾丸的支持细胞,从而引起雄激素结合蛋白的分泌,雄激素结合蛋白与睾酮结合形成复合体,一部分进入精细管,促进精子的生产和成熟,另一部分经血液循环调节公貂的性器官和性功能,睾酮对垂体和下丘脑反馈调节为负反馈。其次,支持细胞生产的睾

丸抑制素,主要抑制垂体促卵泡素的合成和分泌(图 6)。

二、性 成 熟

在人工饲养条件下乌苏里貉从幼貉出生到性成熟时间一般需要 280~330 天,公貉性成熟早于母貉。但饲料质量、营养状况、出生时间、遗传基因等因素都会影响到母貉的发情早晚。

三、公貉的性周期

(一)静 止 期

公貉的睾丸在夏季的 5~7 月份处于萎缩状态,仅有黄豆粒大,直径 7 毫米左右,坚硬无弹性,附睾中没有成熟的精子,阴囊布满浓密被毛,紧紧贴于腹侧,外观不易看见。

(二)睾丸发育期

从 9 月下旬秋分开始到 11 月下旬小雪阶段,睾丸发育到 17 毫米左右,12 月下旬冬至以后,睾丸生长发育速度加快,用手触摸时质地松软而富有弹性,阴囊下垂,明显易见,阴囊上的被毛稀疏,附睾中有成熟的精子,开始有性冲动,有性欲表现。

(三)配 种 期

配种期从 1 月份开始,母貉发情旺期集中在立春至清明之间,较晚的配种持续到 4 月上旬,过早或过晚占少数。此时太阳黄经达到 315°,由于昼长夜短,光照周期的延长,寒冷的冬季将过去,暖和的春风使大地回暖,乌苏里貉生殖器官经过漫长冬季生长后,公貉的睾丸发育为成熟,进入发情配种期。

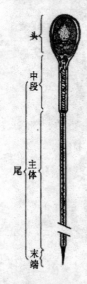

头

中段

尾　主体

末端

图 6　精子的超微结构

公貉不断排尿,并将尿液洒在笼子四周,以示对配种地盘的拥有权,防止外来公貉的入侵。在整个配种期,公貉性情活跃,喜欢接近母貉,攻击捕咬其他公貉,时而发出"咕、咕咕、咕"的求偶声,随时都可以与发情母貉进行交配。在整个配种期40～50天内,公貉始终保持有性欲,但后1个月性欲逐渐降低,配种结束后睾丸又很快开始萎缩,至5月份又恢复到静止期状态。

公貉的生殖器官随着身体的生长发育而不断发育成熟,到成熟期与成年貉相同,每年都呈周期性变化,但当年貉配种能力低于成年貉。

四、母貉的性周期

母貉的性周期分为上半年发情期与下半年静止期,年复一年,永恒不变。从6月份起卵巢开始呈生理性的萎缩,子宫逐步缩小。夏季,卵巢完全不能产生卵子,雌性激素的分泌也降到最低水平,子宫收缩成细小的管状。此时,母貉性欲丧失,不能进行任何生殖活动。从秋分起卵巢开始重新发育,但速度不快。11月份以后卵巢发育加快,体积日益增大,生殖功能逐步恢复。同时,子宫发育速度也加快。据组织学检查,12月下旬已能产生次级甚至成熟滤泡。到翌年1月份,卵子已经形成,滤泡激素分泌增加,出现性欲。到2月末3月初,生殖器官完全发育成熟,卵巢能产生成熟的卵子和大量的滤泡激素,子宫和阴道黏膜充血加厚。此时,正是母貉进入发情,求偶、交配、排卵等一系列生殖活动的阶段。春分以后,随着配种结束,妊娠开始,母貉卵巢、子宫继续增大,并伴随有乳腺的发育,直至妊娠后期。不过妊娠以后,滤泡激素的分泌水平逐步下降,继之而增的是黄体激素的分泌水平上升,临产前则是催产素的分泌增加。分娩后,乳腺活动最为强烈,直到夏至。

五、精子和卵子的形成

(一)精子的形成

精子是由睾丸的曲精细管中一层很薄的细胞形成的,精子形成后被释放到附睾内曲精细管的管腔中,通过直精细管进入睾丸网,而后进入附睾管,在附睾中完成其最后的成熟过程。附睾是贮存精子的部位,睾丸生产精子能力是动物遗传决定的,也受脑垂体、促性腺激素等其他因素的影响。每年秋分季节,太阳黄经达到180°时,白天光照时间逐渐缩短,昼夜温差也逐渐拉大,当年公貉身体快速生长发育为向成熟期发展,睾丸开始缓慢发育着,冬至以后太阳黄经达到270°时,育成后的公貉睾丸发育速度加快,睾丸明显增大,睾丸中有活跃的精原细胞,精原细胞再经一二层迅速分裂,睾丸中精原细胞发育为成熟的精子,原来的曲精细管也已形成管腔,有利于精子通行。立春时节太阳黄经达到315°时,睾丸松弛下垂,有弹性,开始有性欲要求,这时的公貉随时都可以与发情的母貉进行交配。

公貉射精时,附睾中排放出浓稠的精子,同副性腺分泌的液体混合成一体,构成精液。精液中主要是精清,并含有一定数量的精子,精清是精子的保护液和载体,它能增加精子在母貉生殖道内的活动力,为精子提供生存所需的营养物质(图7)。

精液中大部分是水分,无机成分阳离子以钾和钠为主,钾、钠保持一定的浓度能增强精子的活力和维持精液的渗透压;糖类是果糖,能在短暂时间内供给精子的能量;蛋白质主

图 7 貉的精子密度示意图

1. 密 2. 中 3. 稀

要是组蛋白,组蛋白是构成精子和精液的主要成分;维生素 B_1、维生素 B_2、维生素 C 等,这些维生素的存在有利于提高精子活力和密度。精液中还含有酶类、核酸和脂质等,它们都为精子存活执行着不同的功能。

(二)卵子的形成

在母貉发情全过程中,卵巢历经卵泡的发育成熟和排卵、黄体的形成、维持和退化等过程,母貉是多卵泡发育及排多卵的毛皮动物。卵子生长在卵囊中,是由单层卵原细胞包围着的单个原始卵泡,在昼长夜短光照长的夏季,母貉性生殖器官处于静止期,卵巢和子宫都很小,卵巢中的卵泡发生退化,子宫角和子宫体为苍白色,阴道上皮由 1～2 层多边形上皮细胞组成。秋分时节,太阳黄经达到 180°时,光照逐渐缩短,夜长昼短,卵巢开始缓慢发育,原始卵泡也缓慢生长着。卵巢内孕育着正在生长的卵母细胞,卵母细胞在卵巢内生长到成熟分裂都是随季节而变化的。春分时节太阳黄经达到 360°,卵细胞生长成熟的卵泡,此时母貉阴部出现红肿,有发情求偶的表现。乌苏里貉属多胎动物,排卵数量多少与遗传、年龄、营养有很大关系,所以在配种前,适量增加一些肝、脑等动物性饲料,能促进精子与卵子发生,能有效提高母貉排卵数和公貉精子品质,能使母貉提前 10～20 天发情,并对提高母貉受胎率和增加母貉产仔率、幼貉成活率都有益处(图 8)。

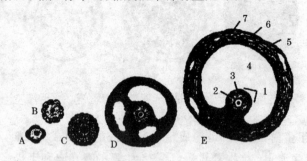

图 8　卵泡的生长和成熟卵泡的组织学结构
A. 原始卵泡　B. 初级卵泡　C. 次级卵泡　D. 生长卵泡　E. 成熟卵泡
1. 卵丘　2. 卵母细胞　3. 透明带　4. 卵泡腔
5. 颗粒膜　6. 卵泡内膜　7. 卵泡外膜

第三节　发情与配种

乌苏里貉在人工笼养条件下,2 月初就开始发情直至 4 月上旬结束,发情旺期集中在 2 月中旬至 3 月上旬,经产母貉发情时间早于初产母貉,当年出生早的母貉发情时间早于出生晚的母貉,平时在饲养管理上好坏,个体之间差异等因素都对母貉发情早晚有一定影响。养貉者在乌苏里貉发情与配种时期的中心任务是使所有参加配种母貉都能正常发情并能准确及时的受配,让其全部受胎。这就要求饲养管理人员应具有丰富的养貉专业技术和高度责任心,精心饲养管理,细心观察每一只要进入发情期的母貉,防止个别母貉外阴部发情不明显而漏配。配种时要掌握母貉发情旺期的时机,抓住配种最佳时期,及时配种,并要搞好复配,为全群参加配种的母貉都能全配种、全受孕,全产打下良好的基础。如果母貉已发情而错过配种机会,也只能白喂1年,等到翌年春季再发情时配种。

一、发情鉴定

母貉的发情鉴定主要是根据其活动状况、外阴部变化和放对试情3个方面的综合观察来进行。

(一)活动状况

母貉进入发情期多表现为在笼内来回在笼网上排尿,精神不安,食欲减少,还经常用外阴部磨蹭笼网,并不断用舌头舔外阴部,这时母貉性情变得非常温驯。当公、母貉接触时,母貉安静站立或倒趴在笼底,后肢呈半蹲状态,尾巴翘向一边,做出等候公貉与其交配的姿势。

(二)母貉外阴部变化

在母貉进入发情时间,饲养管理人员主要检查其外阴部,根据外阴部变化结合自己在以往配种期的实践经验,来判断母貉是否进入发情排卵期也就是发情旺期,对母貉外阴部检查经验是看外阴部逐渐肿胀,外翻变化是判断母貉是否发情的依据,紧接着外阴部明显肿胀,呈现鸭梨形。有的阴唇突出,有的阴唇肿胀有皱褶与阴门裂成"T"字形;有的成"Y"字形,阴蒂裸露,阴道分泌物增多呈乳白色,并且黏稠,这时正是母貉发情排卵期,把母貉放入貉笼内,母貉主动接近公貉,愿意与公貉进行交配,这时必须抓住时机,及时配种,发情后期母貉阴门收缩,肿胀现象逐渐消失,分泌物变黄色,外阴部有污秽不清洁现象,说明母貉已受胎。

(三)放对试情

放对试情就是把即将发情的母貉放到公貉笼内,通过观察公、母貉的实际接触表现来判断母貉的发情情况。用于试情的公貉都是有配种经验的老公貉。当公貉爬跨母貉时,如果母貉站立不动,并把尾巴翘向一边,说明母貉已进入发情排卵期,愿意接受公貉的交配,此时应立即让优良的公貉与发情的母貉进行交配;如果公貉对刚发情母貉有敌意,或者母貉不配合公貉的爬跨,甚至扑咬公貉,说明母貉还没有进入发情旺期,应及时将母貉捉出来,隔日再试。有的母貉活动状况和外阴部检查都证明母貉已进入发情旺期,但母貉就是不愿意与公貉进行交配,这时应不断调换公貉与其交配,直到交配成功为止。这是因为公、母貉都有强烈的择偶现象,公、母貉双方有一方看不中意,都不能与对方进行交配,这是因为每个公貉群体中都有一个王者,称王的公貉拥有优先与母貉进行交配的权利,母貉也很崇拜公貉王者,都愿意与公貉王者进行交配,生育优良的后代,这种现象应引起养貉者高度注意,以免母貉已发情、因找不到合适的配偶而漏配。

二、配　种

种公貉的配种应与母貉的发情同步进行,而发情配种的时间早晚是随地区类型不同而有差别,以黄河为界,黄河以南养殖的母貉配种时间,比黄河以北养殖的母貉配种时间提前10天,经产母貉配种进度略早于初次参加配种的母貉。

(一)配种方法

乌苏里貉配种期间公貉占主导地位,将母貉放到公貉的笼内,公貉主动接近母貉,并嗅闻母貉的外阴部,已发情的母貉便温驯地将前肢趴在笼底,后肢呈半蹲状态,尾巴翘向一边,肛门紧缩,阴门凸突,安静地让公貉不断地嗅闻和不停地爬跨,公貉先举起前肢爬跨在母貉背上,并用前肢用力紧抱母貉后躯,立即出现频繁插入动作。公、母貉配合恰当时,公貉能顺利将阴茎插入母貉阴道内,而后公貉身躯与母貉臀部紧贴,抽动加快并很快结束,公貉臀部内陷,尾巴根部位轻轻抖动,双眼合闭迷离,呼吸急促,这时母貉发出"哼、哼、哼"的缓慢欢畅声,即表示已射精。被交配的母貉腹部贴笼底,继之翻身与公貉腹部贴到一起,母貉欢快地轻轻吻咬公貉的嘴巴,双方相互嬉戏。貉的整个交配时间较短,一般放对求偶调情在3分钟左右,公貉从爬跨至交配成功时间需3～5分钟,射精时间1分钟左右,最长的交配时间接近30分钟。公、母貉交配完后自行分开,各自舔自己的阴部,交配结束。公、母貉在交配时不怕人观看,但必须保持安静,防止受惊吓,这样有利于提高母貉受胎率和产仔率。

已达成初配的母貉可在24小时以内再进行复配,配种方法是连续3天共交配3～4次,复配后的母貉在3～4天后进入休情期,外阴部肿胀开始收缩,颜色变紫黑色,食欲下降,继而食欲逐渐恢复正常,说明母貉已受胎。

公、母貉在配种时要尽量采取体型大配体型大,大型配中型,不能小体型公貉配大型母貉,否则影响后代貉的体型,在毛绒品质方面一定坚持采用以优配优,以优配中的原则。公、母貉比例为1:3比较合适。

（二）合理利用公貉

公貉的交配能力主要取决于公貉的性欲强度和性行为的协调情况,一只好的公貉每天可与发情母貉交配2～3次,连续可配3～5天,但应适量增加营养,让其休息1天,以恢复体力,养精蓄锐,使其能保持旺盛精力。对初次参加配种的当年公貉,应根据配种能力和营养状况,合理利用。对配种有技巧的公貉要注意很好地保护,在配种遇到难题或每天配种的后期再使用,这样配种成功率高。

初次参加配种的公貉在配完种后都要进行查精,方法是用玻璃吸管插入刚配完的母貉阴道内吸取一滴精液,放在200~400倍显微镜下进行观察,查看精子的密度、活力及精子存活时间等。对体形强壮、毛质好、配种有技巧的公貉一定要给予保护,不能轻易淘汰,养貉者所获得优良种群是公貉与母貉两性优良基因共同创造出来的。禁止近亲交配,以免影响其后代貉的生长发育。

三、排卵与受精

(一)排　卵

母貉发情后,自愿与公貉进行交配时,说明卵泡已发育成熟,卵泡破裂后,发情母貉进入排卵期,发育成熟的卵子由卵巢排出后,经输卵管的伞部进入输卵管,借助于滤泡液和卵巢内的液体流动,在输卵管内纤毛摆动的帮助下,卵子缓慢向输卵管壶腹部方向游动,必须在12小时内到达输卵管壶腹部,才能有在此受精的能力。如果时间过长卵子到达受精部时已退化,就没有受精能力。在卵子排出以前数小时,公貉将精子射入母貉阴道内子宫口附近以后,精子依靠自身的特性向前运动,并借助于子宫和输卵管肌肉收缩及纤毛摆动,经子宫体、子宫角和输卵管大部分,到达输卵管上段壶腹部受精部位,等待与卵子相遇,快速结合、受精,形成受精卵。

(二)受　精

受精并非是精子和卵子的简单结合,而是两个异性生殖细胞相互同化成为1个新细胞的复杂生理变化过程。这个过程大体是,前期到达受精部位壶腹部与卵子外围接触的大量精子,首先要分泌出大量的透明质酸酶,用来溶化包围在卵子最外围的放射冠,这些精子因能量耗尽而死亡。当放射冠被溶化以后,后续的精子则以自身的前进运动,冲刺卵子外围的透明带,当最强的1个精子第一个穿过透明带而进入卵子核内,透明带与卵外膜随即闭锁,以阻止后来的精子的进入,这时,精子和卵子的细胞质、细胞核立即同化为一体,成为1个细胞,这个细胞叫做受精卵(图9)。

图9 未受精卵和已受精卵

1. 未受精卵 2. 已受精卵

第四节 受精与妊娠

妊娠是胎貉在母体子宫内发育成长的全过程,卵子受精是妊娠的开始,胎儿及其附属物排出母貉体外是妊娠的终止,共需58~68天。

一、受精过程

母貉发情自愿与公貉进行交配时说明卵泡已发育成熟。卵泡破裂,卵子由卵巢排出后,经输卵管伞部进入输卵管。卵子从卵巢中排出的过程叫做排卵。乌苏里貉是自然排卵的毛皮动物，一般第一天发情受配就开始排卵，可是所有卵泡并不是同时成熟和排卵的，而第一次开始排卵和最后1次排卵间隔3～4天。母貉发情第一天排卵的占30%，第二天排卵的占50%，第三天开始排卵的占15%，第四天开始排卵的占5%左右。要想提高母貉的受胎率和产仔率，可连续对母貉进行复配2～3次，这样既能达到降低母貉空怀率，又能达到提高母貉产仔率的良好效果。

公貉精子从体内射出后，依靠自身特有功能的游动，必须通过宫颈管、子宫腔，自动到达输卵管的壶腹部集结等待卵子的到来。当精子与卵子接触时，精子包围卵子，部分精子穿过放射冠和透明带，迅速进入卵子内，但最终只有1个最强的精子与卵子相融合，形成1个新的细胞(图10)。已受精的卵子被称为受精卵或孕卵，这个受精卵就是新一代生命的起源。

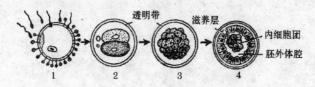

图 10　受精过程示意图
1. 受精　2. 卵裂　3. 桑葚胚　4. 囊胚初期

二、妊娠生理

妊娠期时间的长短一般不受母貉年龄的影响，母貉妊娠期是由精子和卵子结合形成受精卵，由输卵管进入子宫，附植于子宫内的黏膜上而发育成胎貉，受精卵在母貉体内的发育过程叫妊娠，亦称怀孕。

(一)附 植 期

母貉受配后,卵子通过受精形成受精卵,受精卵边分裂边依靠输卵管肌肉蠕动和黏膜纤毛的摆动向子宫腔方向移动,受精卵中的细胞经过 2～3 天的反复分裂,在受精卵到达输卵管子宫端时,已成为 1 个实心细胞团。妊娠期的头 10～15 天时,受精卵从输卵管移到子宫角,并均匀地分布在两侧子宫角中。胚泡在子宫内膜中着床。胚泡在既定的位置定居下来,并开始向子宫内膜进行附植(图 11)。

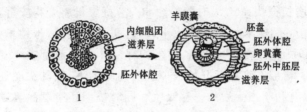

图 11　附植期示意图
1. 透明带消失　2. 两胚层

(二)胚 胎 期

胚泡在子宫角中着床后,从而进入胚胎发育阶段。母体的子宫与胚体的绒毛形成胎盘,用来保护和滋养胚胎。胎盘是胚胎提供氧气与获取养分的主要器官,胚胎与母体的营养物质交换是通过胎盘来实现的。这个时期胎貉各种器官和身体各部分已初步形成(图 12)。用肉眼观察来判断母貉是否妊娠是很困难的。前期行为及腹部几乎无明显变化,35 天以前胎貉只有 5 克重。

(三)胎 期

胎期以胎貉生长发育为主,妊娠后的母貉血液中雌激素水平降低,孕激素水平增高,40 天后胎貉骨骼开始形成,当达到 10 克重时,各个器官已形成,胎貉进入后期生长发育阶段,

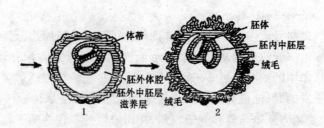

图 12　胚胎期示意图

1. 两胚层　2. 三胚层

体重增长很快。50 天时胎貉约 60 克,妊娠母貉变得安静,行动缓慢,不愿活动,腹部增大下垂,乳头开始突起,母性增强,55 天时胎貉达 85～90 克,初生的仔貉体重一般都在 120 克左右。母貉在产仔前开始拔掉乳房周围的毛,使乳头明显外露,以有利于出生后的仔貉吸吮。同时拔毛还有刺激乳腺分泌乳汁的作用。由于胎貉在母体内快速生长发育,进入分娩期时腹部明显增大、滚圆、乳房膨大、乳头突起、食量也随着妊娠天数增加而增大,胎貉发育成熟,通过阴道产出体外。

母貉妊娠期为 58～62 天,一般都在 60～62 天,60 天产仔率占 90％以上(图 13)。

三、母貉预产期的推算方法

为了准确了解母貉预产期,加强对产仔母貉的护理工作,提高仔貉成活率,必须在配种结束后做好记录,并将母貉的预产期推算出来。在日常生产中,大多数养貉场都采用日期推算法。

母貉妊娠期平均为 58～62 天,最短 56 天,最长可达 70 天。母貉妊娠后变得温驯平静,食欲增强。卵子受精后 25～30 天胚胎发育到鸽卵大小,可以从腹外摸到,妊娠 40 天后可

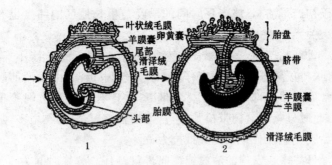

图 13　胎期示意图

1. 胚体形成　2. 胎儿形成

见母貉腹部下垂,脊背凹陷,腹部毛绒竖立成纵列,行动迟缓。

　　貉的妊娠期比较准确,其预产期的计算方法如下:平年 2 月份配种的母貉的预产期为月份加 2,日期不变。例如:2 月 3 日受配的预产期为 2 月+2=4 月,日期不变为 3,预产期为 4 月 3 日;闰年 2 月受配的预产期为月份加 2,日期减 1,例如:2 月 17 日受配的预产期为 2 月+2=4 月,日期减 1 为 17 −1=16,预产期为 4 月 16 日;3 月份配种的预产期为月份加 2,日期减 2,例如:3 月 4 日受配的预产期为 3 月+2=5 月,日期为 4−2=2,预产期为 5 月 2 日。另一种方法是预产期为月份加 1,日期加 28,例如:3 月 2 日受配的则月份加 1 等于 4,日期加 28 等于 30,其预产期为 4 月 30 日。

第五节　产仔与哺乳

一、产　仔

　　母貉产仔时间多数集中在 4 月中旬至 5 月上旬,最早母貉产仔时间在 3 月下旬,最晚在 6 月上旬,经产母貉产仔时间早于初产母貉,母貉产仔时间的早晚与生长地区的纬度也有很大关系。

母貉临产前,多数减食或废食1~2顿,表现为焦躁不安,排便、排尿频繁,来回在产仔箱与产仔笼中走动,由于产前腹痛常回头嗅阴部,并不时发出叫声,并伴有扒窝和扒网等现象,此时母貉骨盆韧带松弛,子宫颈松弛缩短,分泌物增多,阴道黏膜充血,阴门水肿,其抵抗力下降。

母貉多在安静的清晨或夜间进行产仔。分娩时间为1~2小时,有时达3~4小时,母貉一般每隔10~15分钟分娩1只仔貉,分娩时,胎儿娩出的身体部位大多数是相互交替进行,前一只先出头部,后一只则先出臀部,这与貉是双子宫角动物,胎儿均匀分布在两个子宫角内,胎儿从不同子宫角娩出有关。胎貉娩出后母貉将胎盘和脐带咬断,并吃掉胎盘,小心舔净仔貉身上的胎衣,舔干仔貉身体残留液体、污血等,这种舔仔现象能增加母仔的亲和力,并能有效促进仔貉体内的血液循环,减少感冒。

二、哺 乳

仔貉出生时盲目,一般体重120克左右,长到15日时睁开眼睛,犬齿和门齿也陆续长出。18日后,母貉开始叼食到产仔箱内喂仔貉。20日后仔貉陆续爬出产仔箱到笼中采食。仔貉采食时其粪尿由母貉舔食掉,仔貉开始采食后,母貉不再舔食仔貉粪便,产仔箱内被仔貉粪便弄得很脏,母貉开始站立给仔貉哺乳。

产仔后母貉的母性很强,除吃食时外,很少出来活动,几乎整天卧于产箱,安心护理仔貉,母仔非常亲密,母貉身体躺卧为仔貉哺乳,仔貉吮乳后,母貉逐个舔仔貉肛门或尿道口,刺激仔貉排泄粪便,仔貉的粪便被母貉舔食掉,母貉产仔后的20天内,整个产仔箱很干净。

第六节　仔貉的生长

初生的仔貉不能睁眼,闭目,无牙齿,胎毛呈黑色,15日龄时开始睁眼,并长出门齿和犬齿,18日龄时开始采食,毛色也开始由黑色变成褐黄色,60日龄以后便可以断奶分窝。仔貉出生后,一般体重120克,母貉产仔多的,仔貉体重就轻一些,母貉产仔少,仔貉体重就重一些。仔貉出生后约6小时左右吮乳1次,吃奶后便沉睡,很少嘶叫,产仔箱内很安静,有周期性洪亮有力的"吱、吱"叫声,哺乳声和仔貉爪子蹭产仔箱底声。

从出生到分窝前靠母乳生活的小貉叫仔貉,分窝后离开乳母开始自己独立生活的小貉叫幼龄貉。生长发育健康体形大的仔貉60～65日可以分窝,体形较小的仔貉70日分窝,仔貉生长发育整齐的可1次性分窝。先把母貉捉走,将仔貉仍留在原笼内。对发育不均匀,体重不等,强弱悬殊较大的同窝仔貉,可采取分批断奶,先将体重大、发育良好的仔貉断奶,让体弱的仔貉适当延长哺乳期。断奶10天以后,幼貉都能独立生活,开始进入育成期,可分3～4只放在1只笼子内饲养,这样可相互依赖,促进食欲。随着日龄和采食量的增加,幼貉之间常因争食而发生咬斗,此时要及时将两只幼貉放在1个笼内饲养。仔貉分窝越晚,成活率越高,体质越健康,很少患病。

根据仔貉、幼貉生长发育标准,每10～15天,可在貉群中,随机抽样称测体重,计算平均体重并与标准体重比较。若发现实际体重与标准体重有较大差别时应及时找出原因,适当调整日粮结构和供给量(图14)。

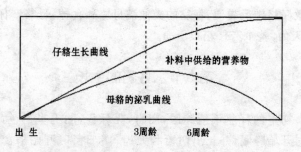

仔貉生长曲线

补料中供给的营养物

母貉的泌乳曲线

出　生　　　　　　　3周龄　　6周龄

图 14　仔貉生长发育及补给营养物示意图

仔貉、幼貉生长发育,具有明显阶段性和不平衡性。某一阶段生长发育受阻,该阶段生长发育占优势的部位,生长潜力就不能得到发挥,就容易形成僵貉,即便你以后给予优厚饲养条件,体况也不能得到恢复。最终导致该貉体形与其他貉的体形不协调,不能留做种用,即使取皮也不值钱。因此,养貉管理人员一定要根据仔、幼貉生长发育特点,每个阶段饲养管理均不能忽视(表 1)。

表 1　乌苏里貉的生长速度　(单位:克)

日　龄	累积生长(克)	绝对生长(克/日)	增长倍数(以初生为1)
初生	126.5(85～178)		1.0
15	300(165～434)	11.0	2.4
30	520.5(310～825)	15.5	4.1
45	1000(592～1175)	20.0	7.9
60	1400(1350～1521)	32.0	11.1
90	2846(2900～3400)	50.0	22.5
120	4516(3900～5000)	50.0	35.7
150	5300(1606～5900)	30.0	41.9

仔貉在 3 周龄以前,生长发育所需要的营养物质完全从母乳中获得,3 周龄以后便开始慢慢采食,所需要的营养物质一部分从饲料中获得,一部分从母乳中获得。仔貉到 4 周龄时可爬出小室自由到笼内采食。

第七节　提高仔貉成活率的方法

一个生产经营好的养貉场,最重要标志是母貉繁殖力高和仔貉成活率高,貉场的生产搞好了,经济效益自然也得到提高,所以说,提高仔貉成活率是关系到养貉生产经营者的经济效益的大问题,要想使母貉产量高,就必须想方设法加强饲养管理,努力提高仔貉成活率,从而实现高产、高效的目的。

一、做好刚出生仔貉的检查工作

母貉产仔 6 小时后,就可以对仔貉进行检查,检查时要细心、谨慎、不能用手动仔貉、不能带有异味,不能因检查使母貉受惊吃仔。

(一)听

首先听仔貉的动静和叫声,仔貉吃到初乳后进入沉睡,很少有嘶叫声,产仔箱内很安静,仔貉直至下次吃奶时,才醒来"吱、吱"嘶叫,母貉约 6 小时哺乳 1 次,哺乳后仔貉又继续沉睡。仔貉叫声洪亮,短促有力,说明仔貉健康,叫声低沉无力,勉强听到"吱儿、吱儿"的叫声,多属软弱或缺奶的仔貉。

(二)看

首先看母貉的食欲,若仔貉成长健壮,哺乳正常,母貉食欲正常,精神饱满,除吃食外,整天都在产仔箱内护理仔貉,很少出来活动。其次看母貉乳头,若母貉按时给仔貉哺乳,乳头周围干净、红润,有吃奶痕迹,否则不正常,需要进行检查。

（三）检

就是打开产仔箱检查仔貉生长情况,健康的仔貉都在窝内抱团沉睡,营养良好,大小均匀,胎毛色深有光泽,浑身红润、圆胖、有弹性;软弱或缺奶仔貉分散在产仔箱四处乱爬,浑身干瘦,胎毛无光泽,身体潮湿而发凉,握在手中无力挣扎,腹部松软,叫声软弱。发现上述问题应立即采取适当抢救措施,检查的动作要快,防止母貉受惊精神紧张,而引起叼仔貉。如果母貉受惊,可立即关闭产仔箱门 30 分钟后左右,以消除母貉惊恐状态。

二、对仔貉保活与代养方法

对于产仔过多,产后缺奶,护仔不强的母貉,可将全部或部分仔貉拿出来,找产仔少,产仔期又接近的母貉代养,代养母貉必须性情温驯,无吃仔恶癖,乳头多,泌乳充足,有利于提高被代养仔貉成活率。

代养方法,将母貉关在产仔箱外边,将仔貉身涂上代养貉的粪尿,与其仔貉放在一起,再让母貉进产仔箱,若母貉无异常表现,并照样哺乳仔貉,说明代养成功,若母貉叼咬代养仔貉,必须立即将代养仔貉取出。使用母貉代养,整个代养过程,必须细致观察,防止意外,也可以找同期产仔的母狐或母狗代养仔貉,用产仔母狗代养的仔貉不仅生长发育快,而且仔貉长大后性情温驯,通人性易于驯养。

三、人工辅助饲养

母貉产仔后受惊,叼咬仔貉时,可将仔貉立即取出来,进行人工辅助饲养,将仔貉放入保温箱内,可将母貉人工保定好,让仔貂自己吮乳,3~5日龄仔貂每日哺乳6次,哺乳时将体弱仔貂放在乳汁充足的乳头让其吮饱,仔貂吮乳后,应用卫生纸擦仔貂肛门和尿道口,模仿母貂舐仔貂动作,刺激仔貂排泄粪尿。否则,仔貂只吃不拉,会造成仔貂胀肚死亡。6日以后再将仔貂放回原产仔箱内,让母貂自己带养,以保证仔貂发育整齐、健康。

四、人工哺乳

母貂产仔后无奶,或产仔过多时又找不到代养母貂,可采取人工哺乳,先将全脂奶粉配成25%~30%的浓乳汁,温度为35℃~37℃。也可用鲜牛奶、羊奶直接喂仔貂,开始时应加适量水分,1周后可以直接用鲜羊奶喂,但鲜奶里应加些胃蛋白酶或乳酶生利于消化。人工喂奶方法是,开始在注射器上插上滴管,放入仔貂口中,然后缓慢推动注射器,将乳汁送到仔貂口里。开始人工喂养时,每日哺乳6次,每次哺乳量2~4毫升,7~10日每日哺乳4~5次,哺乳量10~12毫升,以后逐渐适量增加,让仔貂吃饱为止。并且用少量熟制动物性饲料喂,每次喂完后,都要用卫生纸刺激仔貂肛门和尿道口,让仔貂排泄粪便。人工哺乳仔貂饲料中应经常加入微量鱼肝油和维生素C、钙片及土霉素片,有利于仔貂生长发育,消炎防病,仔貂人工喂养易成活。

五、防止产仔母貂受惊吓

母貂在产仔哺乳期内不能更换饲养员,不许外人参观,不许在貂场内大声喧哗取闹,预防一切刺激因素(包括噪声、异味、灯光等),避免母貂因受到不良刺激受惊,造成叼仔拒食,拒绝哺乳、藏仔、吃仔等现象发生。

六、加强对哺乳母貉饲养管理

为了提高泌乳量,促进仔貉生长发育,哺乳母貉要高水平饲养,母貉的乳汁营养价值很高,是仔貉开食以前惟一的营养来源。母貉泌乳量多少和乳汁质量的高低,直接影响仔貉的成活率和生长发育,如果忽视对泌乳母貉的饲养,将导致母貉泌乳量下降,使仔貉吃奶不足,生长发育受阻,造成仔貉体质软弱,甚至死亡。母貉泌乳量的多少与仔貉增重速度和体质的强弱有直接关系,是影响仔貉成活率的重要因素。保证饲料的新鲜优质、营养易于被吸收,是提高母貉泌乳量和乳汁质量的物质基础。母貉泌乳规律是,从分娩开始泌乳,并逐渐增加直到 20 日左右达到高峰,在母貉泌乳高峰期内让仔貉吃饱乳汁,对减少仔貉死亡和快速生长发育是十分重要的。要根据母貉产仔数,仔貉日龄和母貉食量大小,逐渐增加营养和日粮给量,中午补动物性饲料,如鲜鱼、肉、鸡蛋、牛奶、羊奶等100~150 克,供足清洁饮水,以促进乳汁分泌,提高乳汁质量,延长泌乳高峰期,是提高仔貉成活率的最可靠保障。

第八节　提高种貉繁殖力的综合措施

种貉是养貉生产中主要物质基础。公貉的利用率和母貉的产仔率的高低反映养貉场生产技术水平的高低,并且直接关系到仔貉数量和养貉场经济效益。乌苏里貉的繁殖是一个复杂的生产过程,从公、母貉发情、配种到母貉受胎、产仔,以及出生后仔貉的生长发育等都受多种因素影响。要想使母貉群体多产仔,仔貉成活率高,我们在养貉生产中必须在以下 5 个方面狠下工夫,才能达到提高母貉群体的繁殖力的目的。

一、养好种公貉

种公貉是养貉场未来产品质量的保证。一只体形大、毛质好,精力旺盛有配种技巧的公貉,在整个配种期间能与 8～10 只母貉进行 20 次以上交配,可繁殖出来后代仔貉 50 只以上,在配种期间发现有配种技巧的良种公貉,一定要保留下来,注意培养,不能配完种后就轻易杀掉,它是完成翌年配种任务的基础和可靠保障(表 2)。

表 2 公貉的配种次数统计(n＝120)

交配次数	10 次以下	11～20 次	21～25 次	25 次以上
公貉头数	30％	48％	14％	8％

二、养好种母貉

母貉生产性能的好坏,关系到它排出卵子的数量多少与卵子活力的强弱,直接影响产仔率和仔貉的成活率,看一只优良种母貉的主要标准是,能够及时发情并且保持正常的排卵能力,产仔多,仔貉成活率高,幼貉生长速度快。种母貉生产性能不能只看外表,要在生产实践中去检验它的生产性能,一只好的种母貉要经过发情、配种、妊娠、产仔,仔貉成活率及幼貉生长发育是否良好等各个方面的考验,才能验证这只母貉是否可以继续做种母貉留下来使用,只有坚持不懈地选种育种,组建经产、高产的母貉群体,才能不断提高乌苏里貉的产量和毛皮质量。

精选优良种貉群,控制貉群年龄组成,在生产实践中已证明,貉群中 2～4 龄母貉繁殖力极好。因此,在貉群组成上,应以经产母貂为主体，每年都适量补充 20％的青年母貂，这样才能有效提高母貂的产仔率，提高养貂场的经济效益（表 3）。

表 3　种母貂年龄与繁殖力的关系　（单位：只）

年　限	项　　目			
	受配母貂	产胎数	产仔数	群平均数
当年初产貂	50	43	271	5.4
2 年经产貂	50	47	404	8.1
3 年经产貂	50	45	396	7.9
4 年经产貂	20	17	140	7.0

三、对种貂群进行营养调控

对种貂群进行营养调控的目的是控制供给貂群的饲料中的营养成分，来达到控制母貂群总体膘情，保持所有留种母貂一致的体况，能有效促使母貂早发情配种。

在养貂实践中已充分证明在配种期种貂的体况与繁殖有很密切的关系，种貂体况过胖或过瘦都影响繁殖。所以，在冬季要渐进性调整好种貂体况，严格控制向两极发展，种公貂体重控制在 7～8 千克，保持上等膘情，不能过胖；种母貂体重应控制在 6～7 千克，保持中等膘情为宜。对体况偏低的可适量增加一些动物性饲料，膘情偏胖的应减少高脂肪饲料的供给量，从而减少饲料中的营养成分来达到渐进性控制种貂体况。

衡量体况比较科学的方法是利用体重与体长之比，也就是用体重指数来衡量体况。体重指数 W＝体重/体长，母貂中上等体况是长 1 厘米长，重 115～125 克（W＝体重/体长＝115－125/厘米）（表 4）。

表4　不同体况母貉的繁殖力对比　（单位:只）

体　况	项　目			
	种母貉数	产胎数	产仔数	群平均数
过　瘦	50	41	255	5.1
适　中	50	48	425	8.5
过　肥	20	14	112	5.6

四、做到及时配种

为了获得较多的仔貉,防止母貉空怀,及时准确地识别母貉发情,抓住配种最佳时机,适时配种,才是获得母貉高产的前提。

乌苏里貉是每年1次发情的毛皮动物,配种时间只有2～4天,母貉发情达到高潮时要及时将母貉放入公貉笼中进行试情,此时母貉卵巢中成熟的卵子最多,在这时让公、母貉进行交配,能促进母貉多排卵,卵子与精子相结合成受精卵的机会就多,达到一胎多产的目的。母貉的产仔潜力很大,1个发情期能排卵20个以上,1胎能产仔12只以上(表5)。

表5　交配方式对母貉繁殖力的影响　（单位:只%）

参配母貉	配种方式	受胎率	产仔数	群平均数
60	1+1	80	428	7.1
120	1+1+2	95	820	8.2
100	1+2+1	95	831	8.3
40	1+0+2+1	90	28	7.0

五、适当进行复配

双重配种的目的是提高母貉怀胎率,增加产仔数量。因为母貂排出卵子不是同期的,先排出已衰老的卵子无受精能力,只有不断补充生命力旺盛的精子,才能有机会与成熟的卵子结合,提高母貂怀胎率和产仔数;而且通过复配、双重配也能诱导母貂多次排卵达到一胎多仔。所以,在母貂发情的2～4天内,采用双重配种法连续配种 3～4 次为好,能有效提高怀胎率和产仔率。

母貂产仔期间,重点保护 7 日龄内仔貂的成活率,是实现稳产高产的一项重点措施,要求做好产仔前的各项准备工作,加强饲养管理,搞好人员岗位责任制,发现问题及时解决。

在生产实践中已证明,貂群中 2～4 龄母貂繁殖力最高。因此,精选优良种貂群,控制好母貂群年龄组成。在母貂群组成上,应以 2～3 年的经产母貂为主体,每年都补充 20%左右的当年母貂,这样才能让母貂保持稳定而较高的产仔率,才能提高养貂场的经济效益(表 6)。

表 6　母貂配种次数与产仔率的关系　(单位:只%)

配种次数	受配母貂	产胎数	产仔率	胎平均
1	15	10	66	5.2
2	35	28	80	5.96
3	53	49	92	8.51
4	22	20	91	8.3

第九节　乌苏里貂的选种

乌苏里貂育种就是要在全貂群中选出最优秀个体留种用,在日常饲养管理上注意观察,培育出自己养貂场生产需要的高产良种貉群,同时淘汰产仔少、有恶癖和品质低劣的种貉,以提高种貉繁殖能力和毛皮质量,降低饲养成本,增加养貉场的经济收入,人工养貉就是让良种母貉多产仔快速扩充貉群数量,多收获优质貉皮,达到高产、高效的目的。

一、选种标准

选种是一项既细致又复杂而且技术性很强的工作。在选种过程中应坚持三看、三选,采用优选法选种,良中选优,优中再选优的方法缓慢进行。以预选留种貉的个体品质、系谱和后代鉴定等综合指标作依据。在当年幼貉群中要选择发育良好,同窝仔貉 8 只以上,性情温驯,生殖器官发育良好、健康的个体。幼龄母貉选择 5 月 20 日前出生的母貉,成年母貉使用年限在 4～5 年。

(一)看体形

要求毛绒品质优良,体质外形好。4 月龄幼龄貉体长 60厘米以上,体重 4 500 克左右;成年公貉 65 厘米以上,体重 8 000 克左右,成年母貉 60 厘米以上,体重 5 500 克左右。体长、体重要符合种貉标准,繁殖能力强。成年公貉睾丸发育良好,性欲旺盛,配种能力强,无恶癖,不择偶,每年能交配母貉 8～10 只,年龄在 2～3 岁。成年母貉,应具备发情早、受胎率高、产仔多(初产 6 只以上,经产 8 只以上)、泌乳能力强、母性好、仔貉成活率高、无恶癖的特点。当年母貉应选择亲代繁殖力强,遗传性能稳定,本身生长发育良好,性情温驯,出生早的貉,同一窝产仔 8 只以上。

(二)看毛色

乌苏里貉要求毛绒丰厚、紧密,有光泽度,针毛分布均匀,针毛与绒毛长短整齐一致。白色乌苏里貉要求被毛洁白,不能有任何杂毛,底绒纯白色。毛皮表面要求针毛平齐、光泽滑润,貉皮成熟时针毛长度在 80 毫米左右,针毛占总数量的 2.9%以上。毛绒颜色具有紫灰色,针毛青灰色,长度在 55 毫米左右,针毛与绒毛要求密度适中,使毛皮外观呈自然美观的灵活感。

(三)看遗传

幼龄貉应具有清楚完整的系谱,双亲具有较优良的遗传特性,遗传性稳定。成年貉应具有优良的遗传性状,遗传力高,遗传稳定,经后裔测定其子代的生产性能和遗传性状优良。

根据后代的毛绒品质、产仔性能来考察留种貉的品质、遗传性能、种用价值等。选种过程中常用后代与亲代比较、后代与后代之间比较、后代与全群种貉平均生产指标比较的方法。

随着育种工作的开展,选种工作越来越重要,由原来的"群选"逐渐转移到"窝选",从母貉产仔数量多、仔貉成活率高,生长发育良好、均匀整齐的窝里选出留种貉,要求母貉应系谱清楚,遗传性能稳定,母性温驯,护仔性强,泌乳性能好,没有食仔恶癖。

二、选种方法

貉的个体选择步骤,分为初选、复选和精选 3 个阶段。

(一)初期选种

母貉产仔情况和仔貉断奶分窝后,应根据母貉的母性强弱,泌乳量多少,产仔成活率及仔貉生长发育状况来确定,应选择母性温驯、乳汁充足、同窝产仔在 8 只以上及仔貉健壮、成活率高的经产母貉和仔貉中选择母貉留做种貉。

(二)中期选育

当龄貉生长到 4 个月龄体重达 4 500 克时,主要看幼龄貉生长发育水平。在初选群中选择体形大、毛色纯、两眼有神、食欲旺盛的经产母貉和仔貉继续培养做种貉用,淘汰的放入取皮貉群饲养。

(三)后期精选

一般都在 11 月下旬取皮前进行一次严格选种,不具备种貉标准的一律淘汰。在复选群中应根据乌苏里貉的毛绒品质优良、体形大而健壮,12 月份体重应达 7 000 克以上,换毛早、食欲旺盛的公、母貉留做种貉。精选应优中选优,选出的优良公、母貉,应加强饲养,控制好体况。

三、选配原则

选配是选种的继续,就是选择合适的公貉与合适的母貉进行配种,繁殖出理想的后代。例如,把具有相同优点的公、母貉交配,使其后代能巩固或提高双亲固有的优良性状;也可以选择具有不同优点的公貉和母貉交配,使两者优点结合起来遗传给后代,使后代很快提高品质,有时也可能产生新的优良后代。选配必须掌握以下原则。

第一,选配前必须对欲参加配种公、母貉的品质详细了解,明确选配目的。必须采用最优秀的公貉与品质优良的种母貉进行交配。

第二,选大形公貉与大中型母貉进行交配效果良好,公、母貉体形大小相差很悬殊的不能进行选配。公貉的毛绒品质一定要优于母貉,不能低于母貉,才能产出优良的后代貉。一定要坚持以壮年公貉配壮年母貉为最好,当年公貉配壮年母貉或老公貉配当年母貉效果都不理想。

第三,一定不能将有血缘关系的公、母貉进行交配,所有参选的公、母貉体质都必须健康无病,不能采用有相同缺点或同一性状有相反缺陷的公、母貉进行交配。

四、白貉的毛色遗传特点和选配方案

白貉体形和绒毛品质均比乌苏里貉美观明亮，又可着色染成人们所喜爱的任何毛色，所以经济价值较普通色貉更高一些。

白貉的白色遗传性均属显性遗传，但由于存在着显性基因纯合致死的现象，故白貉的遗传基因均属于杂合型。因此，无论白貉之间选配，还是白貉与乌苏里貉之间选配，其后代中所分离的白貉均为 1/2 左右。白貉的选育宜采用白貉与乌苏里貉之间的杂交选配，这样可避免显性基因的纯合致死，后代生活力亦强。白貉与白貉之间的选配不能采用。

第五章 乌苏里貉的饲料

乌苏里貉在笼中饲养的全过程中,其生活环境和所采食的饲料全部由人们来提供。因此,对养貉者来讲,饲料是乌苏里貉生命活动的物质基础。乌苏里貉为了维持自身的生命运动和正常繁殖后代,必须源源不断地从养貉者提供的各种饲料中吸取各种营养成分,所以,日常供给的饲料品种、质量如何,直接影响着乌苏里貉的生长发育、繁殖和毛皮质量。我们应根据乌苏里貉在不同生长时期的生理特点,采用不同的先进饲养方法,尽可能地供足其所需营养成分,以提高生产性能和养貉者的经济效益。

第一节 貉消化器官的生理功能

乌苏里貉是杂食动物,在野生条件下,既捕捉鸟、鼠、鱼、虫等各种小型动物为食,也采食各种植物的根、茎、叶、籽等食物。

乌苏里貉的消化系统的特点与功能介于爪科动物和蹄科动物之间,既食用各种动物性饲料,也食用各种植物性饲料。乌苏里貉的消化道结构与食肉类动物相比,具有一定特点。

为了解乌苏里貉消化器官的生理特性,有必要将消化器官的主要特征和功能,用解剖的方式做简单的叙述。

消化器官由消化道和消化腺两大部分组成。消化道由口腔、咽、食管、胃、小肠、大肠、肛门等器官组成;消化腺包括唾液腺、肝脏和胰腺等。

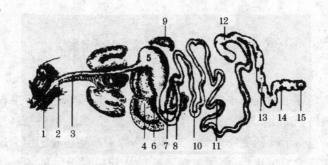

图 15　貉的消化器官

1. 口腔　2. 咽　3. 食管　4. 肝　5. 胃

6. 胆囊　7. 胰　8. 十二指肠　9. 脾　10. 空肠

11. 回肠　12. 盲肠　13. 结肠　14. 直肠　15. 肛门

一、口　腔

乌苏里貉口裂较大,颊部较短,黏膜平滑,牙齿构造是门齿短小排列整齐,犬齿细长尖锐,臼齿结构复杂,前臼齿较发达,后臼齿坚固有力。

舌宽而扁,舌面上布满丝状乳头肌,中间有道浅沟线,舌系带发达,舌下腺位于口腔底部的黏膜深处。

口腔功能是适宜撕碎和磨碎小块食物,善于咀嚼,味觉不敏感,食物的适口性是由嗅觉来鉴别的,同时由唾液腺所分泌的唾液来混合食物,促进食物消化。

二、咽

乌苏里貉咽喉是由黏膜和肌质构成的器官,位于口腔后端,食管前端,为呼吸道与消化道的交叉口。上与鼻腔相通,下与食管相通,咽腔内有软咽弓。

咽的功能是协调口腔吞咽食物和呼吸气体的活动,起重要的分隔作用。

三、食 管

乌苏里貉的食管是由黏膜和肌质构成的管道,上接咽部,下接胃的贲门,位于气管的背面,基本与气管并行,全长约 20 厘米。

食管功能是在口腔、咽部协助下蠕动,将食物送入胃里。

四、胃

乌苏里貉的胃为单室胃,胃壁很薄,有弹性,像个弯曲的袋子,胃腔可容食物 500~1 200 毫升。胃位于上腹腔前端偏左,贴近肝脏的内面。胃的入口为贲门,上接于食管,出口为幽门与十二指肠相连,靠一条宽长韧带与肝、脾连接,胃黏膜上有胃腺,能分泌出透明无色的胃液。胃液是一种酸性的黏液,有很强的杀菌能力。

胃的功能是暂时贮存食物,将食物与胃液等一起反复搅拌研磨呈糊状,这种糊状食物也称食糜。在胃的蠕动下将食糜通过排空进入十二指肠,并通过胃腺分泌出胃液和胃蛋白酶,提供酸性环境,杀死和抑制细菌,使食物中的蛋白质易于消化,并被胃黏膜初步吸收。胃酸进入小肠内可促进胰液和胆汁的分泌。胃蛋白酶把蛋白质再分解为氨基酸,乌苏里貉消化功能很强,胃中的食物经 6~9 小时即可排空。

五、肠 道

乌苏里貉的肠道全长约 260 厘米,为体长的 4.3 倍,分小肠和大肠。食物经过整个消化道的时间为 40~50 小时,而后才全部排出体外。

(一)小　肠

小肠细而长,上端接于胃的幽门,下端与大肠相连,全长213～220厘米,约占总肠道的82%。小肠依次分为十二指肠、空肠、回肠3部分。3段无明显区别,大部分盘曲在腹中下部。胆总管和胰腺导管开口处在距幽门3.5厘米及10厘米的十二指肠壁上,该肠壁上有乳头,乳头内有括约肌,可控制胆汁和胰液的排出,小肠黏膜有大量小肠腺,可分泌小肠液。

小肠是食物消化和吸收的主要器官。胆汁、胰液及小肠黏膜分泌的肠液都汇集在小肠内,对食物进行消化。胰液和肠液中的淀粉酶及麦芽糖酶能使淀粉分解成葡萄糖,胰蛋白酶和肠肽酶能使蛋白质分解成氨基酸,胰和肠的脂肪酶能使脂肪分解成甘油和脂肪酸。由小肠黏膜把它们吸收到血管和淋巴管中去。胆汁的胆盐有乳化脂肪,帮助脂肪消化吸收,并促进脂溶性维生素A、维生素D、维生素E吸收的作用。胆红素随胆汁排入肠道,经肠道排出体外。

(二)大　肠

大肠粗而短,分为结肠和直肠2部分,貉的盲肠长约7.5厘米,大肠在小肠的外围,全长约47厘米,约占肠道全长的18%,结肠前端接于回肠,直肠后端连接于肛门。

大肠功能是吸收食物残渣中的水分,使食物中残渣浓缩成粪便,并分泌大肠液湿润粪便,保护大肠黏膜使粪便顺利通过肛门排出体外。乌苏里貉的盲肠长约7厘米,盲肠内有微生物区系,可消化粗纤维,食糜在盲肠内可合成B族维生素。所有这些特点决定了貉的耐粗饲特性,在日常饲养中,应多供给植物性饲料,少供应动物性饲料,只要让貉吃饱,它就能成长发育良好,能获得优质貉皮,其他毛皮动物喂的动物性饲料少了是取不到优质皮张的。肛门内有1对肛门腺,当貉遇到天敌追捕,能排泄出难闻的液体,刺激天敌的嗅觉,以便于逃脱。

六、唾液腺

唾液腺包括腮腺、颌下腺、舌下腺 3 对腺体。腮腺位于耳前下方,腺管开口于颌上第三臼齿的侧颊部,颌下腺位于下颌骨体的内面。舌下腺位于口底黏膜深部,其导管与颌下腺管共同开口于舌下黏膜处。

唾液腺的功能是分泌唾液,能把食物湿润,利于口腔吞咽。唾液内含有淀粉酶,有利于消化食物,还有杀菌清洁口腔的作用。

七、肝

乌苏里貂的肝脏很发达,成年肝重约 150 克,呈紫红色,肝分叶多而清楚,左叶分为左内叶及左外叶,右叶分为右内叶及右外叶。中间叶在腹侧部分为方叶,其上部左侧为乳头叶,右叶为尾状叶。貂的肝脏位于腹腔最前部,横膈膜的后方,胃和十二指肠的背面,偏于貂体右侧。在肝的后腔静脉沟两侧,有冠状韧带与隔膜相连。在肝的右内叶和方形叶之间有黄绿色胆囊,胆囊内贮存的胆汁是由肝脏分泌的,进食时胆囊收缩,奥狄氏括约肌松弛,胆汁即通过胆总管流入十二指肠内,参与对食物中脂肪的分解与吸收。

肝的功能是参与对乌苏里貂机体生命活动所需的蛋白质、糖、脂肪的新陈代谢,解除有毒物质,贮存脂溶性维生素。肝脏是转化和供应热能的重要器官,对乌苏里貂体内的消化代谢和血液循环起着极为重要的作用。

八、胰

胰位于左上腹,贴于后腹壁,胰头被十二指肠环抱,胰体横行呈右向,胰呈窄而长的不规则扁带状,长 10 厘米,重约 10~12 克,呈紫灰色,胰中央有横行胰管与胆管相汇合。

胰的功能是分泌碱性胰液,能中和进入小肠的胃酸,为胰蛋白酶、脂肪酶、胰淀粉酶提供碱性环境,充分发挥其促进食糜的消化功能。

乌苏里貉消化系统的各个器官完成消化功能全过程,是相互协作配合的,使食物被貉体消化器官所消化,吸收其精华,排泄其残渣。这一系列功能都是在貉神经-体液系统调节下进行的。

第二节 貉饲料的种类及利用

近年来,由于养貉业的快速发展,乌苏里貉的饲料需求量不断扩大,饲料领域也不断扩大,品种也不断增加。目前已实际利用的饲料种类很多,为了合理地利用饲料和科学地饲养,接下来按饲料来源不同,可把各种饲料归并为四大类,即动物性饲料、植物性饲料、添加剂饲料和配合饲料(表 7,表 8)。

表 7　乌苏里貉饲料的分类与种类

分　类		包括种类
动物性饲料	鱼类饲料	各种海杂鱼和淡水鱼等
	肉类饲料	各种畜、禽和狐、貂、兔肉等
	鱼肉副产品饲料	各种畜、禽和水产品加工的下脚料及胎羔等
	干动物性饲料	干鱼、鱼粉、骨粉、羽毛粉、蚕蛹等
	乳蛋类饲料	牛羊乳、牛奶粉、鸡、鸭蛋、照白蛋、毛蛋等

分类		包括种类
植物性饲料	农作物饲料	玉米、大麦、小麦、荞麦、大豆、黑豆、花生、芝麻等
	副产品饲料	大豆饼、花生饼、麦麸、细米糠等
	果蔬类饲料	各种瓜果蔬菜、野菜、中药草等
添加剂饲料	维生素饲料	麦芽、鱼肝油、棉籽油、V_A、V_E、VB_1、VC 等
	矿物质饲料	骨粉、骨灰、食盐及微量元素混合剂
	抗菌饲料	饲料用的土霉素、氯霉素、氟哌酸等
	抗氧化饲料	抗生素类、VE、VC 等
配合饲料	干粉配合饲料	优质鱼粉、肉骨粉、肝粉、血粉为主,配合各种豆谷粉及氨基酸、矿物质、维生素等合制而成

表8　貉常用饲料营养成分表　(100 克饲料含量,克)

饲料种类	水	粗灰分	可消化的			代谢能(千焦)
			粗蛋白质	粗脂肪	碳水化合物	
玉米粉	14.0	1.3	6.5	3.2	47.5	1067
大麦粉	12.0	1.8	8.5	4.7	45.3	1109
小麦粉	14	1.6	7.8	1.2	48.1	1025
大豆粉	8	4.5	20.3	10.3	13.3	1025
清糠麦麸	12.8	6.2	6.2	1.5	15.2	439
大豆饼	13.3	5.2	76.2	5.6	19	1046
花生饼	10.4	6.1	30.7	4.3	18.5	986
菜籽饼	7.3	7.4	24.1	5.3	8.5	819
向日葵饼	6.3	8.6	27	5.2	11.5	899
大白菜	94.0	0.7	1.4	0.1	3.0	79

饲料种类	水	粗灰分	可消化的			代谢能（千焦）
			粗蛋白质	粗脂肪	碳水化合物	
小青菜	96.0	0.8	1.1	0.1	2.0	54
油　菜	92.0	1.4	2.0	0.1	4.0	105
包　菜	93.0	0.8	1.3	0.3	4.0	100
胡萝卜	89.0	0.7	1.0	0.4	8.0	167
南　瓜	89.1	0.7	1.1	0.5	5.0	125
土　豆	75.0	1.6	1.9	—	15.7	305
西红柿	96.0	0.4	0.6	0.3	2.0	54
西葫芦	97.0	0.5	0.6		2.0	42
菠　菜	93	2.0	1.5	0.2	1.4	58.5
莴　苣	93	0.9	1.5	0.4	2.1	79.5
海杂鱼	80.7	0.9	12.4	2.0	—	314
黄花鱼	80	0.9	15.8	0.4	—	326
比目鱼	79	1	18.1	1.4	—	393
红娘鱼	80	0.6	12.3	0.8	—	246
青　鱼	65.5	2.2	16.5	13.2	—	418
淡水杂鱼	82.0	1.4	12.4	1.4	—	284
鲫　鱼	85	0.8	12	1	—	263
泥　鳅	23.5	2.2	19.8	2.5	—	439
白　鲢	86	0.8	1.2	1	—	263
鲶　鱼	80	1.9	14.8	1.6	—	343
鱼　粉	2.0	30.0	49.0	3.2	—	961
死猪肉	71.4	1.5	23.1	20	—	607
狐狸肉	68.8	4.2	12.5	31.9	0.7	1484

饲料种类	水	粗灰分	可消化的			代谢能
			粗蛋白质	粗脂肪	碳水化合物	(千焦)
貉 子 肉	65.4	4.2	16.5	11.7	0.6	769
水 貂 肉	63.3	5.0	18	12	—	799
兔 骨 架	72.2	10.4	10.6	3.4	—	334
鸭 骨 架	66	44	10	5	—	376
鸡 头	72.1	6.5	12.1	7.6	—	385
各种胎羔	15.9	1.2	19.3	5.7	—	585
鸡 肝	75.5	0.6	19	5	—	544
鸡 肠	75.5	0.6	8.5	3.6	—	292
猪 肝	74.4	1.5	17.3	3.3	—	5020
猪 血	80	1	16.2	0.2	—	314
猪 脑	79.5	1	8	8.6	—	481
熟 脂 肪	—			90		3512
鸡 蛋	74.5	1.0	10.8	9.2	0.4	568
熟 毛 蛋	69.5	8.1	17.1	9.6	—	669
牛 奶	87.6	0.7	3.1	3.5	3.3	251
羊 奶	87.0	0.9	3.4	3.7	4.0	276
奶 粉	5.0	6.0	23.0	24.0	33.0	1927

乌苏里貉的饲料可分为以下几类。

一、动物性饲料

种类包括各种畜禽肉类鱼类及副产品、奶蛋类等,动物性饲料中的蛋白质含量丰富,蛋白质中的氨基酸组成完善,是乌苏里貂饲料中不可缺少的饲料。动物性饲料是供给乌苏里貂体内所需蛋白质和脂肪的主要来源。在日常饲养实践中,应根据乌苏里貂各个不同生长日期,给予占饲料量35%～45%的动物性饲料,对乌苏里貂的正常繁殖、幼貂育成、冬毛生长都有明显效果。

二、谷物性饲料

种类包括玉米、大麦、大豆、麦麸、清糠、豆饼、花生饼等,谷物性饲料是乌苏里貂营养中碳水化合物的主要来源。碳水化合物所生产的热能,使乌苏里貂保持正常活动;碳水化合物还能转化成脂肪,参与氨基酸的合成,并有助于肝脏的解毒功能。由于谷物中含有纤维素,能使在消化道中的食物松散,刺激消化道的蠕动和分泌,促进饲料的消化吸收。谷物饲料供给量应根据各个不同时期增加与减少,给予占饲料量的45%～50%。

三、果蔬类饲料

种类包括各种青菜、瓜果、胡萝卜、野生的蒲公英、车前草、马齿苋等,这类饲料能供给乌苏里貂所需要的维生素 E、B 族维生素、维生素 C 等。同时能供可给溶性无机盐,并促进食欲及助消化的粗纤维素,经常在饲料中加入 8%的各种青菜,对母貂发情、胚胎发育、泌乳、幼貂生长发育都有良好促进作用。

四、添加剂饲料

主要是补充维生素和矿物质的饲料,包括酵母、骨粉、食盐及维生素 A、维生素 D、维生素 E、B 族维生素、维生素 C等。在乌苏里貂饲养中,缺少某一种添加剂饲料,母貂产仔率都会下降,产量就上不去。

为保证乌苏里貂的正常繁殖力、仔貂正常生长发育及提高其抗病能力,必须充分满足各种营养物质的需要,特别是在日常饲料中经常加入各种添加剂饲料。这样能提高乌苏里貂的产仔率和毛绒质量,增强对各种疾病的抵抗力。

第三节　貂所需要的营养物质

要想养好貂,必须知道乌苏里貂需要哪些营养物质,以及什么样的饲料中含有什么样的营养物质,这是乌苏里貂用来维持生命活动及生长发育所需要的营养物质,这些营养物质可分蛋白质、碳水化合物、脂肪、矿物质、维生素和水分六大类。貂需要的这 6 类营养物质,除水分之外,都必须从日常供应的饲料中取得,尽管貂吃的饲料多种多样,但各种饲料中所含的营养物质都归并于这 6 类之列(图 16)。

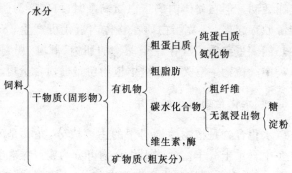

图 16　饲料组成示意图

一、蛋白质对貂的作用

氨基酸是一种含有氨基的有机物,氨基是组成蛋白质的基本单位。蛋白质是含氨的有机物,除含氨外,还含有碳、氢、氧或少量硫、磷、铁、铜、锰、碘等元素。蛋白质是一种分子量极大的有机化合物,由 20 多种氨基酸组成。可以说,蛋白质就是氨基酸,蛋白质好比是一个木桶,各种氨基酸是组成木桶上的每一块木板。在饲料里的各种营养物质中,蛋白质是第一重要的物质。

蛋白质是乌苏里貉生命的基础,乌苏里貉机体内的一切组织,包括肌肉、皮肤、毛绒、内脏器官、神经和生殖器官等都是以蛋白质为主要成分合成的,甚至貉骨骼也含有相当数量的蛋白质。貉机体内的各种组织,在生命活动过程中都需要利用蛋白质加以增长、修补、更新;各种消化液、激素、乳汁、精液等也需要蛋白质来合成。由此可见,蛋白质是构成各种组织、维持正常代谢、生长、繁殖和生产各种产品所必需的营养物质。没有蛋白质,也就没有生命,当蛋白质供应不足时,体内平时贮存的蛋白质可分解产生热能,用来维持貉体内正常的代谢活动。但在貉体内的蛋白质剩余时,可转变为脂肪,作为能源贮存起来。1 克蛋白质在貉体内氧化可产生 18.83 千焦的热能。蛋白质广泛存在于动物的肌肉、肝脏、奶、蛋及新鲜鱼类中。植物中豆类及豆饼中植物粗蛋白质含量也较高。

二、碳水化合物对貉的作用

碳水化合物是植物性饲料中的主要成分,尤其是禾本科的籽实中含量十分丰富。碳水化合物可分为粗纤维和无氮浸出物两大类,粗纤维是植物的细胞壁部分,无氮浸出物主要包括淀粉和糖类。碳水化合物主要贮存于玉米、高粱、胡萝卜及薯类的根块里,在貉的饲料中占的比重最大。碳水化合物是貉饲料中的主要能量来源。植物性饲料中各种碳水化合物进入貂体后,被氧化燃烧变成热能,用来进行呼吸、运输、循环、消化、吸收、分泌、细胞更新和维持体温等各种生命活动。多余的热能便在貂体内转化成脂肪贮存起来,作为能量贮备。含碳水化合物的植物饲料中蛋白质含量低,营养不全面,只能和各种动物性饲料搭配使用,不能单独使用喂貂。1 克碳水化合物在貂体内氧化可产生 17.15 千焦热能。

碳水化合物是貂体中热能的主要来源之一,当饲料中碳水化合物不足时,就开始动用体内贮存的脂肪或蛋白质转化热能供貂体所用。这时貂体变瘦,体重减轻,配种期公、母貂过于瘦弱会严重影响繁殖,母貂泌乳期和泌乳高峰阶段将要缩短,出现仔貂死亡率高等现象,足以说明碳水化合物在貂饲养中的重要性,饲养人员应在生产中给予足够重视。

三、脂肪对貂的作用

粗脂肪在貂体的消化道内被分解成为甘油和脂肪酸之后,被小肠吸收,而后再转化为貂体内脂肪、乳脂肪、血脂肪等。皮肤和毛绒中也含有一定数量的中性脂肪、磷脂、胆固醇和蜡质等,能使毛绒具有良好柔软度、光泽度和保温性能。

脂肪在貂体内也与碳水化合物一样,起到供应热源的作用,但它比碳水化合物的热能多 2.25 倍。脂肪还可作脂溶性维生素的溶剂,如维生素 A、维生素 D、维生素 E、维生素 K 等都只能溶解在脂肪中,所以这些维生素在貂体内的吸收作用,都是借助于脂肪来完成。在脂肪中含有幼貂生长所需的和在貂体内不能合成的必需脂肪酸。1 克脂肪在貂体内氧化可产生 38.91 千焦热能。

貂饲料中脂肪供应不足时,会使体内脂溶性维生素缺乏,会导致母貂受胎率低,产仔少,仔貂生长发育缓慢,幼貂因营养不良而停止生长。因此,在日常生活中根据乌苏里貉不同的生长时期,在饲料中适量添加动物性饲料,对貉生长发育和提高毛皮质量有极大益处。

四、矿物质对貉的作用

矿物质是乌苏里貉营养中的另一类无机营养物质。乌苏里貉体内含主要矿物质有钙、磷、钠、钾、氮、硫、铁等,以及微量的铜、钴、硒、锰、锌、碘等。它们在貉体内含量虽少,而且也不像脂肪、碳水化合物、蛋白质那样能提供热能,但也具有相当重要的生理功能和代谢作用,广泛分布在体内各组织器官中,例如:骨骼、牙齿是由大量固体状钙、磷构成的,血红蛋白中有铁的成分,各种酶、激素及维生素都含有铜、钴、硒、锌等多种矿物质,并能维持酶的活性。甲状腺中有碘的成分,除钙、磷等固定在骨骼、牙齿中外,其余的矿物质与蛋白质结合以游离状态存在于各种组织器官中,不管以任何形式结合和转化都始终在动态中保持平衡。矿物质在乌苏里貉体内不能相互替代,也不能相互转化。饲料中钙、磷不足时,会出现母貉产后瘫痪症,泌乳量减少;新生仔貉骨骼纤细,体质软弱,无吮乳能力;幼貉骨骼生长发育不良,四肢粗短而外撇,不能正常走动。钠、氯不足时,食欲减退,甚至造成消化功能障碍等症,在日常饲料中添加适量骨粉和食盐,就可满足乌苏里貉对钙、磷、钠、氯的需求,其他矿物质在自然饲料中有一定含量,一般能满足其需求,不需另外补充。

五、维生素对貉的作用

维生素是"维持生命的要素"的意思,貉体内对维生素需要量很少,但各种维生素在貉体内起的作用很大。貉体内一切新陈代谢都离不开各种酶,而有的维生素本身就是酶的组成部分,所以维生素不足时,就会影响貉的正常新陈代谢,以致食欲减退,生长停滞。大多数维生素都不能在貉体内合成,需要在饲料中供应,清糠、麦麸和青菜中含各种维生素较多,如供应、保存、调制得当,一般在养貉生产中能够得到平衡,无需另加维生素补充。

维生素可分两大类:脂溶性维生素和水溶性维生素。脂溶性维生素有维生素 A、维生素 D、维生素 E 等种类。水溶性维生素包括 B 族维生素、维生素 C 等。除脂溶性维生素 E外,供给量过多,容易发生病变,如脂肪肝等症。所以,在日常配制饲料时,供给各种维生素不能过量,这样才能使饲料营养全价,貉的机体健康才有保障。

六、水对貉的作用

貉与水的关系甚为密切,水在貉所需的各种营养物质中,属于很重要的一种,貉机体中 70% 左右是水。貉体内若水分不足,就会发生消化不良,因为水可以促进消化液的分泌,帮助稀释和溶解饲料,提高消化率。水几乎是各种营养物质的溶剂,各种营养物质溶解在水中,被输送到貉体内各个部位,同时代谢过程中产生出来的废物、毒素等溶解于水后,被排出体外。貉体内各种生物化学反应也借助于水的参与,貉体中各种物质的合成分解都离不开水。水还能调节貉的体温,保持体温的恒定等。

貉饮水不足时,精神沉郁,食欲不振,体重减轻。公貉射精量减少,母貉泌乳量降低,幼貉长得干瘦。

在养貉生产过程中必须保证貉对水的需求,这对维持貉体的正常生理功能有着极其重要的作用。

第四节　貉饲料的品质鉴别

饲料品质对养貉的经济效益有很大影响,所以在喂貉之前对各种饲料品质进行检验,是貉场饲养管理人员的一项重要工作。要认真对来源不清或未经检疫的动、植物性饲料进行严格食品卫生检验。现主要介绍全国各省(自治区)养貉场平时使用的感官鉴别方法。

一、动物性饲料的品质鉴别

(一)肉类品质的鉴别

对各种新鲜肉类的鉴别先要看外观有微干的外膜,肉质透明呈淡红色,质地紧密,用手指按压有弹性,能复原,切开肉后光滑湿润不黏,气味良好,具有各种肉类所特有的气味。不新鲜的各种肉类,外观失去原有的光泽,表面略有霉味,质地松软,发黏,用手指按压弹性小,不能很快复原。严重腐败的肉类有腐败气味,不整洁、有黏液。

(二)鱼类品质的鉴别

各种新鲜鱼类外表挺直、完整、无损伤,有一层透明黏液,有光泽,有特有的鱼腥味,无异味,眼睛透明,腹部结实不破肚。不新鲜的各种鱼类的鱼体变软,不完整。有灰白色的黏液,无光泽,腹部膨大垂软,有破肚现象,有腥臭味,变质的鱼类破肚现象严重,有恶臭味。

二、植物性饲料的品质鉴别

(一)谷物类饲料的鉴别

对各种谷物类饲料的鉴别主要是看颜色与形状,可通过气味进行鉴别,即用鼻子嗅闻腐烂或有无发霉变质的气味,良好的谷物类饲料用手触摸时,感觉干燥,没有潮湿或发热的感觉,无发酵,无虫蛀,无结块的现象。发现有各种发霉变质的谷物类饲料,绝对不能用来喂貉。

(二)果品、蔬菜类饲料的鉴别

各种新鲜的果品、蔬菜类饲料都有其原有的光泽和气味,表面润滑,无异味。各种不新鲜的青饲料,色泽晦暗、发黄、有异味,表面有腐烂现象,检验时还要注意蔬菜的叶面上是否沾有农药。

三、干粉配合饲料的鉴别

各种干粉饲料也是各地养貉场的常用饲料,对各种干粉配合饲料鉴别时,先看注册商标和产品合格证,而后看干粉配合饲料的生产日期和检验日期,打开包后要仔细观察饲料的颜色、气味、滋味和干湿度。凡是过期饲料则失去原有的颜色,结团有异味,用嘴品尝时有油脂酸败所特有的哈喇味,表面有黄曲霉菌生长,证明这种干粉饲料已经变质,不能用来做饲料使用,防止因黄曲霉菌中毒而引起黄疸性肝炎病的发生。养貉户在使用貉配合饲料时,应选择信誉良好的饲料生产企业,如哈尔滨华隆饲料有限公司,该公司生产的"华隆"牌貉系列配合饲料,外在质量和内在质量均能达到国家规定的标准要求,已被养貉户使用多年,是深受养貉户信赖的好品牌。

第五节　貉饲料的配制方法

饲料配制时,首先了解貉生活食性及消化生理特点,解决好乌苏里貉在各个不同生长时期,对饲料成分及能量的需要,做到按需供给,科学地配制饲料,保证乌苏里貉从饲料中获得所必需的各种营养物质,从而促进乌苏里貉正常生长发育,有效地提高繁殖率和毛绒质量。

一、能量的衡量单位

过去我国畜牧业一直把卡(cal)作为饲料的衡量单位,常用千卡(kcal)来表示,至今仍有使用。但近年来,国际营养学学会认为采用焦耳更为确切,所以很多国家已开始用焦耳制单位代替过去的卡制单位。根据国家规定和国际统一用法,今后我国畜牧业统一使用焦耳制单位作为营养代谢及生理研究中的能量单位。其互换系数为:

1 卡 = 4.184 焦耳(J)

1 焦耳 = 0.239 卡

1 千卡 = 4.184 千焦耳(kJ)

1 兆焦耳(MJ) = 1 000 千焦耳或 239 千卡

故 100 千卡 = 418.4 千焦或 0.4184 兆焦耳

二、各时期营养需要

为了方便养殖者对貉的饲养管理,根据貉的繁殖与生长发育状态,以及貉在不同季节的生理特点,将一年四季划分为 4 个不同的饲养管理期。现将江苏省赣榆县毛皮动物研究所在 20 多年养貉实践中摸索出的一套适合苏、豫、鲁、皖各个地区养貉的重量比法配方介绍给读者,供参考(表 9)。

乌苏里貉生物学时期的划分:春季 2~4 月份为配种受胎期,夏季 5~7 月份为产仔哺乳期,秋季 8~10 月份为幼貉育成期,冬季 11 月份至翌年 1 月冬至为成熟与准备配种期。必须强调貉的各个不同的生物学时期有着相互联系,不能断然分开。如在准备配种期饲养管理不当,尽管配种期加强了饲养管理也增加了营养成分,但也难以达到预想的效果,只有重视各个不同时期的管理工作,才能把貉养好。

表 9   貉生物学时期的划分

季　节	生长时期	类　别	时　　间
冬　季	准备配种期	留种公、母貉	11月至翌年1月
春　季	繁　殖	公、母种貉	2～4月
夏　季	产仔哺乳期	母貉、仔貉	5～7月
秋　季	幼貉育成期	留种貉、商品貉	8～10月

(一)饲料配方按重量法计算饲料单

重量法是以饲料的重量为计算依据的,先确定每日饲料的重量,然后按各类饲料占整个饲料重量中的比例,计算出各类饲料应占的重量,这种计算方法简单实用,便于掌握,很适合中小型貉场和养貉专业户应用(图10)。

表 10   貉的四季饲养标准参照表   (每只日量)

营　　养	季　　节			
	春季 (2～4月)	夏季 (5～7月)	秋季 (8～10月)	冬季 (11月~翌年1月)
热能(千焦)	2031～3443	5217～2584	2481～3190	3447～2182
粗蛋白质(克)	45～65	80～50	55～56	50～36
粗脂肪(克)	15～35	65～15	15～20	20～20
碳水化合物(克)	35～50	100～50	54～80	100～40
维生素 A(单位)	4000	5000	2000	2000
维生素 E(毫克)	30	30	20	20
复合维生素 B(毫克)	10	10	10	5

(二)登封市大金店养貉场乌苏里貉准备配种期饲料单

1. 可利用饲料 海杂鱼、熟毛蛋、熟鸡肠、鸭骨架、玉米粉、大豆粉、麦麸、青菜和各种添加剂饲料。

2. 总供给量 确定乌苏里貉在配种期饲料供给总量为400克,再根据每只种貉的体况、食欲和这个时期历史上给量而具体调整。

3. 拟定各种饲料比例 海杂鱼占25%,熟鸭架占20%、玉米粉32.5%、清糠麸皮占10%、血豆腐占12.5%,青菜不计算,另外每2日每只补充1次骨粉3克,酵母3克、复合维生素B15毫克,维生素C5毫克、维生素E30毫克单位,土霉素0.5片,食盐0.2克

4. 计算 得出海杂鱼100克,鸡肠鸭架80克,玉米粉130克,豆饼麸皮40克,血豆腐30克,青菜20克,饲料重量为400克,查饲料营养成分表,计算出400克各种饲料中粗蛋白质含量为50.3克,粗脂肪含量为15.3克,碳水化合物为28.5克,总热能2031千焦,完全符合乌苏里貉准备配种期的需要。

5. 结果 最后用每日每只乌苏里貉所需的各种饲料量乘总只数,计算出全群饲料量,把每日每只乌苏里貉所需添加剂饲料也列表,每日每只供给量早上占45%,晚上占55%,分2次喂,哺育期中午补给适量蛋、肝脏等滋补性饲料,供充足饮水(表11,表12)。

表11 貉的四季饲料配方 (单位:克/日·只)

饲料品种	春季 (2~4月)	夏季 (5~7月)	秋季 (8~10月)	冬季 (11月~翌年1月)
海杂鱼	100~200	200~100	100~100	100~80
鸭骨架	80~120	150~100	100~100	100~50

饲料品种	春季 (2月～4月)	夏季 (5月～7月)	秋季 (8月～10月)	冬季 (11月～翌年1月)
玉米粉	130～200	300～120	150～200	230～150
清糠麦麸	30～30	50～30	30～30	30～30
熟脂肪	0～0	20～5	10～10	20～0
动物血液	30～30	100～40	50～50	50～50
青 菜	20～20	30～10	20～20	20～20
合 计	390～600	850～405	450～510	550～330
热能量(千焦)	2031～34432	5217～2584	2481～3190	3447～2182
酵母粉	3	3～5	5	5
土霉素粉	0.25	0.2～0.3	0.25	0.25
食 盐	0.2	0.2～0.5	0.2	0.2
维生素 B$_1$(毫克)	0.02	0.02	0.02	0.02
维生素 C(毫克)	0.05	0.05	0.05	0.05
维生素 A(单位)	2000	5000	3000	3000
维生素 E(毫克)	0.03	0.03	0.02	0.02

注:①VB$_1$、VC,1、3、5/周;②VA、VE,2、4、6/周;③土霉素、酵母 1～2 次/周;④根据不同季节适当调整;⑤每日饲料供应量按早占 45%,晚占 55%2 次喂;⑥公貉配种期中午供料没计算在内;⑦5～6 月份每日饲料供应量包括未分窝的仔貉食量在内

表 12 貉饲料量在各个季节的变动情况(克/日·只)

月 份		饲料量	注 明
春 季	2	390	平均数
	3	500	妊娠母貉平均数
	4	600	妊娠母貉后期

月 份		饲料量	注 明
夏	5	850	哺乳母貉平均数
	6	600	部分哺乳母貉在内平均数
季	7	405	育成貉平均数
秋	8	450	全群平均数
	9	510	全群平均数
季	10	510	全群平均数
冬	11	550	商品貉平均数
	12	420	商品貉平均数
季	1	330	留种貉平均数

第六节　貉饲料的配制说明

饲料配制时,首先了解其生活食性及消化生理特点,解决好乌苏里貉不同生长时期对饲料成分及能量的需要,做到按需供给,然后科学地配制饲料,保证乌苏里貉从饲料中获得所必需的各种营养物质,从而促进乌苏里貉正常发育,并能提高繁殖率和毛绒质量。

第一,饲料配制要选择适当饲养标准,结合乌苏里貉生长发育、体况、产仔数量和季节性等具体情况,根据日常饲养管理经验,对饲料配制标准可适当及时进行调整。

第二,充分利用当地生产的饲料,除动物性饲料和特殊的补充饲料外,尽量少用商品饲料,以降低养貉成本,提高经济效益。

第三,饲料要求多样化,营养适当。配制时,要充分搅拌,浓度均匀适中,含维生素和微量元素等特殊饲料,要预先和辅料混合,最后再混入常规饲料中。有相互抵消或有破坏作用的饲料不能同时使用。

第四,各种饲料要求新鲜、卫生、适口性强,符合乌苏里貉的消化生理特点,饲料中营养成分必须满足营养需要。

第五,饲料配制要求边配制边喂,不能提前配制存放,以防变质造成食物中毒。

第六,各种配料用具,用完都要洗刷干净,定期消毒。

第七节　膨化饲料的使用

一、使用膨化配合饲料的优势

貉通过饲喂优质的膨化配合饲料,皮张可达 0 号以上(其中"0"号皮 15%、"00"号皮 75%,"000"号皮 10%)。饲喂膨化配合饲料,可节约人工、水电、燃煤、柴等成本费用;另外,可有效防止购买其他变质添加物引起的各种疾病,也减少药物的费用。例如:使用黑龙江省哈尔滨华隆饲料开发有限公司研制的貉系列膨化配合饲料,从仔貉分窝到取皮(45 天断奶,180 天取皮,饲养 4 个半月),成年貉饲料费不超过 100 元,商品貉到取皮时全群貉平均体重可达 8～10 千克。

二、膨化配合饲料与传统饲喂方式的对比差异

第一,当前养殖业中,普遍存在着对科学利用膨化配合饲料养貉的认识不足以及对饲料配置技术缺乏的问题,以至于造成以玉米为主的自配料,形成吃玉米面拉玉米面的普遍现象(玉米面中 75% 左右为碳水化合物,而貉对碳水化合物的利用能力只有 75%)。

第二,养殖场及养殖户在自己配制貂料过程中投入鲜鱼、鸡杂、牛肝、鸡蛋、牛奶等,自认为营养很丰富,但由于营养不均衡,仔貂的生长速度并不快,而且产生极大的浪费,更易造成其中某些物质的变质,还会引起仔貂各种营养障碍疾病的发生。

第三,部分养殖场(户)对配种前后的种貂饲养缺乏足够的认识,盲目添加大量的鱼、肉、奶、蛋等动物性饲料,其结果一是成本费用增加了,并造成极大的浪费;二是能量偏高,导致母貂过度肥胖造成空怀、流产、死胎、乳房炎、产后母貂泌乳不足或无奶等问题,严重制约了貂的繁殖和仔貂成活率。

第四,自配料的添加剂添加不全、比例不当(其中貂饲料所需的主要维生素有 13 种,微量元素 7 种),易造成营养缺乏症的发生。

第五,膨化配合饲料与传统喂法,在饲喂量、经济利益、成本以及粗蛋白质含量上综合比较,均具有优势。

三、"华隆"牌貂系列配合饲料的特点、使用方法及注意事项

(一)特 点

第一,蛋白高,核心料配置高,满足貂各生物学时期的需要,氨基酸平衡好。

第二,产品内含抗生素药物,抗病力强,减少消化道和呼吸道疾病,可有效预防腹泻,减少代谢疾病。

第三,能使母貂普遍发情早于自配料母貂,能使母貂发情提前 10～15 天,能有效降低空怀率,母貂产仔率多于其他貂,仔貂成活率高,生长迅速,毛皮质量明显好于自配饲料喂的貂,母貂发情一致,配种的受胎率可高达 95% 以上。

第四,饲料全部采用优质原料制造,适口性好,营养吸收快、消化好,饲料利用率高。换料时能很快被接受,不影响正

常采食,有效保证了每天的营养摄入水平。

第五,皮张大,针毛光泽度好,绒毛密而长,貉皮质量明显好于其他自配饲料。各地养貉实践表明,能提前 20 天取皮,皮张长度可增长 5 厘米以上。

(二)使用方法

第一,该产品使用时用凉水或温水按料重的 2～3 倍,浸泡时间一般在半小时左右,也可以即泡即喂,搅拌成黏稠状为好。

第二,生长期、冬毛期可完全不加鱼类或任何动物性鲜料,繁殖期(配种前 30 天左右)补充 100 克优质动物性鲜料催情,妊娠前期每天补喂 100 克鲜料,妊娠后期补充 100～150 克鲜料。

第三,具体喂量可根据貉每天的生长情况、种貉膘情以及粪便颜色等诸多因素来确定最佳投喂量:按照体重的 5%～6% 投饲,体重 5 千克以下 6%,5 千克以上 5%。

生长期 150～300 克,冬毛期 300～350 克,繁殖期 100～150 克,哺乳期 150～400 克。

(三)注意事项

换料时一般要经过 3～4 天的过渡期,让貉逐渐适应;配合饲料投喂量按照循序渐进的原则,逐渐增加或减少,以免发生应激或造成消化不良。

第八节　不能与兽药同时使用的饲料

一、食　盐

食盐中的钠离子可与链霉素发生反应,能降低链霉素的疗效。所以,在使用链霉素时应限喂或停止喂食盐。

二、麦　麸

麦麸为高磷低钙的饲料,在治疗因缺钙而引起的骨软症或佝偻病时,应停止饲喂麦麸。另外,麦麸中磷过多会影响铁的吸收,在治疗缺铁性贫血时也应停喂麦麸。

三、棉　籽　饼

棉籽饼能影响貉对维生素 A 的吸收。所以,在使用维生素 A 或鱼肝油时应限量或停喂棉籽饼。

四、高　粱

高粱中含有较多的鞣酸,可使含铁制剂变性。所以,在治疗缺铁性贫血时不能喂高粱,否则会降低药效,越喂高粱越贫血。

五、骨　粉

骨粉含钙较多,可降低四环素的疗效,故在用此类抗生素期间,应停喂骨粉和石粉,否则会降低药效,与没用药一样。

六、大　豆

大豆中含有较多的钙、镁等元素,它们与四环素、土霉素等均可结合成不溶于水的混合物,使用大豆粉做饲料时,不能同时使用四环素、土霉素,否则会降低药效。

七、菠　菜

菠菜中含有较多的草酸,它可与消化道中的钙结合成不溶性的草酸钙。所以,畜禽在喂贝壳粉、骨粉、蛋壳粉等钙质饲料时应停喂菠菜。

第六章 乌苏里貉的四季饲养管理

乌苏里貉在人工笼养条件下,其生活环境与所采食的饲料完全由养殖人员来提供,人工提供的生活环境与供给的饲料是否能满足其生长发育的需求,这对乌苏里貉的生长发育、繁殖后代和所生产的毛皮质量都有着直接影响,因此,必须根据乌苏里貉的各个不同时期的生长发育特点,采用科学的饲养管理方法,使其尽可能地发挥出最大生产力,提高经济效益。下面把乌苏里貉在一年四季中不同的饲养管理方法作以介绍,供养貉者在生产实践中参考。

第一节 貉的春季饲养管理

每年 2 月 4 日以后的立春时节,太阳黄经达到 315°时开始,由于光照时间的延长,寒冷北风带来的寒冬就要结束,代之而起的将是暖和的春风,大地慢慢开始回暖,万物将出现生气,乌苏里貉也和万物一样,度过漫长的寒冬,从似冬眠而非冬眠的状态中醒来后,它的生殖器官已经发育成熟,准备迎来一年一度的春季繁殖期。春季是乌苏里貉一年生产中最关键时期,发情与配种、妊娠与产仔都将在春季完成,一年之计在于春,因此养貉工作者既要认真养好留种貉群,让所有母貉在同一时期都发情,公貉都能参加配种,又要掌握好母貉的发情时间,做到及时配种,让全群母貉都能正常配种、受胎、产仔,保证全群母貉高产稳产,创出较高的经济效益。

第一,在饲养上,对配种能力强、有配种技巧的公貉要注意保护,每天中午都要对参加当天配种的公貉补喂 100 克左右的动物性饲料或添加生鸡蛋 1～2 个。当年参加配种的母貉,在配完种 30 天内有妊娠反应,表现出食欲减少,有厌食现象。对已受胎母貉的饲料配制动物性饲料占 50%,植物性饲料占 45%,青菜占 5%,在饲料中添加维生素 A、B 族维生素、维生素 C、维生素 E 等。饲料力求新鲜,品种多样,让受胎的母貉吃饱吃好,保证胎貉能得到所需要的充足营养成分,使胎貉在母体内都能正常健康生长发育。妊娠母貉不能喂鸡头、鸡屁股、鸡蛋包等动物性饲料,以防止母貉流产。

母貉产仔哺乳期内,每天中午都要定时给产仔多的母貉补喂 100 克左右营养成分较高的动物性饲料,这样能有效提高母貉的泌乳量,延长母貉哺乳时间,对提高初产仔貉生命力和成活率有明显效果。

第二,在管理上,母貉产仔后的 1～7 天,是仔貉死亡率的高峰期。主要原因是母貉产仔后精神紧张,对外界环境反应十分敏感,稍有噪声会引起恐慌,另一个原因是母貉产后无奶和母貉因受惊吓而引起母貉叼仔、藏仔。所以,在母貉产仔期间养貉场内环境一定要安静,绝不能在貉场周围放鞭炮或鸣汽车喇叭,貉场内工作人员的工作服不要经常换,不能穿颜色鲜艳像大红或大绿服装进场内,防止引起产仔母貉的恐慌不安,出现叼仔、寄藏仔貉现象。

第三,春季正是各种细菌和多种病害繁殖高峰季节,在母貉产仔之前搞好貉棚内清洁卫生,将产仔的母貉安放在背风向阳的地段,产仔箱内要垫软草,保持产仔箱内干燥,这样能有效防止母貉在春季繁殖期内因寒流的袭击,而造成仔貉冻死或感冒、肺炎、肠炎的发生。

春季饲养管理的核心工作是防春寒保温,保证仔貉的成活率,防止母貉因产仔期间受惊而引起吃仔、叼仔,对出生早的仔貉因受寒流袭击而发生肺炎(表13,表14)。

表13　春季繁殖期日粮配方　(单位:克/日·只)

热能量	日粮量	动物性饲料(%)			植物性饲料(%)		
(千焦)	(克/只)	海杂鱼	肉骨架	血豆腐	玉米面	清糠麸皮	蔬　菜
2031～3443	390～600	10～20	8～12	3～3	13～2	30～30	20

表14　添加剂饲料配方　(单位:克/日·只)

酵　　母	土霉素	食　　盐	维生素 B_1	维生素 C	维生素 A	维生素 E
3	0.25	0.2	0.02	0.05	2000 单位	0.03

注:①维生素 B_1、维生素 c,1、3、5/周;②维生素 A、维生素 E,2、4、6/周;③土霉素、酵母1～2次/周;④根据不同季节适当调整;⑤每日饲料供应量按早占45%,晚占55%分2次喂;⑥公貉配种期中午供料的设计算在内

第二节　貉的夏季饲养管理

每年5月份立夏以后,太阳黄经度达到45°的时候开始,白天光照时间长,夜间时间短,天气炎热,气温高,妊娠母貉已普遍产仔完毕,进入哺乳期,这时母貉因体内营养消耗大,体况普遍偏瘦,体质差,食欲减退。因此,在夏季乌苏里貉饲养管理的核心工作是提高营养,保证仔貉吸取足够营养,使其能正常生长发育。在配种期间发现品质优良的种公貉,一定要注意保留下来,不能轻易宰杀剥皮,它是貉场翌年生产中的配种主力。所以,公貉配完种后要注意保护好,也要让其吃饱吃好,使其体质得到很好的恢复,为翌年生产打下良好的基础。

第一,在饲养上,力求饲料新鲜,品种多样化,要保证质量全价,供足饮用水,以提高母貉泌乳量和乳汁的质量,促进仔貉正常发育成长。夏季气温超过28℃时,貉就感到热,气温

超过 30℃时貉就感到明显不适应,表现出不愿吃食,这时期饲料力求新鲜,营养成分要高,供足清洁饮用水,以最大努力提高产仔晚母貉的泌乳量和乳汁质量,确保仔貉正常发育成长。在日粮供给中动物性饲料占总量的 45％,植物性饲料占 50％,青菜占 5％,喂食时趁早、晚凉爽时喂,午间应以奶、蛋为主,刚分窝的幼貉最好在晚间 10 时时再用少量饲料喂 1 次。场内使用的各种饲料应现调现喂,不能喂已调好剩余而发生变质的饲料。在日常饲料中添加适量食盐、骨粉、土霉素、维生素 A、维生素 E、B 族维生素、维生素 C 等,能有效促进食欲,增强母貉体质恢复和抗病力。另外,夏季天气炎热,各种野菜生长旺盛,可适量采集马齿苋、车前草、蒲公英等各种野菜,清洗晾干备用,以上几种野菜不仅增加维生素类营养,还具有清热解毒,消炎利尿的作用,能有效防止仔貉胃肠炎、胃鼓胀及因食物引起的中毒等病的发生;同时,也降低饲料成本,一举多得,应提倡采用各种野菜喂貉。

　　第二,在管理上,重点要做好防暑降温工作。因为乌苏里貉是怕热不怕冷的毛皮动物,主要原因是乌苏里貉汗腺很不发达,其汗腺主要集中在四肢趾爪之间,鼻镜、口腔、舌和鼻腔等部位,分布面积较小。所以,在夏季气温升高时,貉体内的热量就不容易散发出去,往往引起貉体温升高,甚至会出现中暑而死亡的现象。实践证明,乌苏里貉在气温 20℃～25℃条件下最适宜幼貉的生长发育,气温升到 30℃时,幼貉就会出现气喘;当气温升到 35℃时,幼貉的采食量明显下降,如果不采取防暑降温措施,幼貉就会出现中暑现象。7 月份平均最高气温在 30℃以上,所以在炎热的夏季搞好防暑降温工作,给貉群创造适宜的生活环境是非常重要的。

　　第三,夏季正值各种病菌繁殖的高峰期,也是貉体质弱而最容易感染各种疾病的季节。因此,要搞好清洁卫生,及时驱除貉体内外各种寄生虫,重点做好防疫工作,接种犬瘟热疫苗、病毒性肠炎疫苗。一定要在仔貉分窝后 15 天进行预防接种,还要做好灭鼠、灭蝇、灭蛆等工作,杜绝饲喂各种变质的饲料,给貉群创造一个良好的生活环境,让貉群吃饱吃好,安全健康地度过炎热的夏季(表 15,表 16)。

表 15　夏季繁殖期日粮配方　(单位:克/日·只)

热能量(千焦)	日粮量(克/只)	动物性饲料(%)				植物性饲料(%)		
		海杂鱼	鸭骨架	脂肪	血液	玉米面	清糠麸皮	蔬菜
5217~2584	850~405	20~10	15~10	20~5	10~40	30~12	50~30	30~10

表 16　添加剂饲料配方　(单位:克/日·只)

酵母	土霉素	食盐	维生素 B_1	维生素 C	维生素 A	维生素 E
3~5	0.3	0.2~0.5	0.02	0.05	5000 单位	0.03

注:①维生素 B_1、维生素 c,1、3、5/周;②维生素 A、维生素 E,2、4、6/周;③土霉素、酵母 1~2 次/周;④根据不同季节适当调整;⑤每日饲料供应量按早占 45%、晚占 55% 2 次喂;⑥公貉配种期中午供料的设计算在内

第三节　貉的秋季饲养管理

8 月上旬立秋以后,长日照的炎热夏季即将过去,迎来了天气渐渐凉爽的秋季。幼貉经过夏季的生长发育,体形已基本接近成年貉大小,这时是种貉选种的最好时期,经过选种后留种貉群,可与要取皮的商品貉群分开饲养。进入 9 月份以后,幼貉由原来生长骨骼和内脏为主,转向生长肌肉和体内沉

积脂肪为主,向貉体成熟的冬毛生长期过渡,随着光照的周期变化,貉群食欲普遍增长,貉体开始脱掉粗长的夏毛,长出柔软光滑的冬毛,此时也是貉体内一年中新陈代谢水平最高阶段,所需的各种营养物质必须从饲料中得到满足,貉体才能生长发育优良,获得优质皮张,秋季饲养管理主要是以提高貉的快速育肥为重点。

第一,在饲养标准上,对产仔多、母性强、泌乳质量好的母貉和在配种中不择偶、性欲强、配种次数多、精子品质优良的公貉要特殊饲养,有条件的,中午要适量补喂新鲜的鱼肉类或奶蛋类饲料。在对幼貉育成中应渐进改变饲养标准,由原来以精饲料定时、定量,每日 3 次饲喂法,改为每日 2 次饲喂,采取粗放一些饲料,以不限量,但不浪费,不剩食为原则,这也叫"撑大个吊架子"饲养法。日粮中以谷物性饲料为主,动物性饲料为辅,尽量节约动物性饲料费用的投入,又能使其吃饱吃好,使体形长到最大限度。日粮配方是动物性饲料占 35%,熟制猪、牛、羊的脂肪占 5%,玉米粉占 45%,麦麸、大豆粉占 10%,各种蔬菜占 5%;同时在饲料中添加适量的食盐、骨粉、土霉素粉、维生素 A、维生素 E、B 族维生素、维生素 C 等。

第二,在管理上,要注意在当年母貉产仔多,成活率高的同窝仔貉中选择食欲旺盛、体形大、毛色纯、体质健壮的小公、母貉进行重点培养,留做种貉;同时将产仔少、成活率差、有恶癖及体弱多病的种貉淘汰出种貉群,将其与不能留种用的商品貉一起饲养,到皮张成熟期宰杀取皮。在平时管理中要经常对全貉群每一只貉的食欲、粪便、精神、体况等情况进行认真检查,及时发现问题,及时采取有效措施。

第三,在秋季要用药物虫克星对貉的体内外寄生虫进行一次性驱除,防止各种病症及传染病的发生。从 11 月中旬商品貉宰杀取皮后,留做种用的貉群转入冬季准备配种的饲养管理(表 17,表同 18)。

表 17　秋季育成期日粮配方　(单位:克/日·只)

热能量 (千焦)	日粮量 (克/只)	动物性饲料(%)				植物性饲料(%)		
		海杂鱼	鸭骨架	熟脂肪	血液	玉米面	清糠 麸皮	蔬菜
2481~ 3190	450~ 510	10~10	10~10	10~10	50~50	15~20	30~30	10~20

表 18　添加剂饲料配方　(单位:克/日·只)

酵　母	土霉素	食　盐	维生素 B_1	维生素 C	维生素 A	维生素 E
5	0.25	0.2	0.02	0.05	3000 单位	0.02

注:①维生素 B_1、维生素 C,1、3、5/周;②维生素 A、维生素 E,2、4、6/周;③土霉素、酵母 1~2 次/周;④根据不同季节适当调整;⑤每日饲料供应量按早占 45%,晚占 55%2 次喂

第四节　貉的冬季饲养管理

立冬以后,随着光照时间的缩短,天气渐渐转冷进入冬季。乌苏里貉经过 1 年的饲养,貉体已成熟,大部分商品貉被宰杀取皮,留下一部分经过严格挑选的作为种貉。从立冬至翌年配种之前为准备配种期,此期饲养管理中心任务是:供给少而精的饲料,控制好膘情,调整好体况,保证留种公、母貉体内消耗所需营养成分,以促进公、母貉生殖器的正常发育,获得生命力强的两性细胞,有利于提高种貉的繁殖力。

第一,在饲养上,本季前阶段乌苏里貉采食量大,贮存营养物质为越过漫长的寒冬做好准备。因此,在饲料供给上,尽

可能品种多样化,让貉吃饱长足长壮。后阶段饲养上要注意促进性器官的快速发育和生殖细胞生长,注意营养平衡,控制膘情,调整好体况,使公、母貉体况调整到最佳状态。日粮量为 320 克,动物性饲料占 40%,玉米粉占 50%,清糠麦麸占 5%,胡萝卜占 5%;同时,在饲料中加入适量食盐、大麦芽、松针粉、维生素 A、维生素 E、维生素 B_1、维生素 C 等,每日饲料分早、晚 2 次饲喂。

第二,在管理上,要经常检查种貉体况,因种貉的体况与繁殖力有密切的关系,过胖、过瘦都会影响繁殖力。母貉体重控制在 6 000~7 000 克,保持中等体况。公貉体重要在 7 000~8 000 克,保证有上等体况,严格控制向两极发展。检查公、母貉体况时多采用目测、手摸、称重和体重指数相结合的 4 种方法。

目测:毛色光亮,体态丰满,行动缓慢为过肥体况;毛绒粗无光泽,背呈弓形,爱活动,采食量大,后腹明显内陷为过瘦体况。

手摸:以手摸脊椎骨不挡手为标准,摸脊椎骨突出为偏瘦,应提高日粮标准,供给易于消化的全价饲料,供给量以吃饱为标准。摸不到脊椎骨为胖,应当控制食量,增加其活动量,改变营养结构,减少含脂量的高动物性饲料,以粗饲料为主,蛋白质的含量不能降低。

称重:在 12 月份和翌年 1 月底各称重 1 次,公貉体重超过 8 000 克为偏肥,不足 6 000 克为偏瘦。

体重指数:W=体重/体长。中上等体况是体长 1 厘米体,重 100~115 克(W=体重/体长=100~115 克/厘米)为最佳。例如,一只体长 58 厘米的当年母貉,到 1 月底体重应在 6 200~6 500 克,其繁殖力最高。

第三,冬季必须做好防风、防寒工作。将貉笼移到背风向阳的地方,减少貉体内热能的消耗,防止因寒流袭击引发感冒。还应及时清除笼网上的粪便,防止绒毛缠结,要注意观察貉群的动态,发现问题,及时查清病因,采取有效防治措施,以保证种貉安全健康地度过寒冷的冬季,为翌年春季配种打下良好的基础(表19,表20)。

表19 冬季成熟期日粮配方 (单位:克/日·只)

热能量 (千焦)	日粮量 (克/只)	动物性饲料(%)				植物性饲料(%)		
		海杂鱼	肉骨架	脂 肪	血豆腐	玉米面	清糠麸皮	蔬 菜
3447~2182	540~330	10~8	10~5	10~0	50~0	230~150	30~30	20

表20 添加剂饲料配方 (单位:克/日·只)

酵 母	土霉素	食 盐	维生素 B_1	维生素 C	维生素 A	维生素 E
5	0.25	0.2	0.02	0.05	3000 单位	0.02

注:①维生素 B_1、V_c,1、3、5/周;②维生素A、维生素E,2、4、6/周;③土霉素、酵母1~2次/周;④根据不同季节适当调整;⑤每日饲料供应量按早占45%,晚占55%2次喂;⑥公貉配种期中午供料没计算在内

第五节 褪黑激素的应用

在商品貉皮下埋植褪黑激素,能促进其毛皮早熟,为当前人工养貉业最新研究成果。褪黑激素是一种高效的毛皮生长激素,是根据聚合原理研制而得的内含松果体激素制剂(圆柱颗粒状),其主要成分松果腺中含有一种特有的酶,即羟基吲哚-0-甲基转移酶,能把五羟色胺转化为褪黑激素,从而直接

控制毛皮的生长和脱换。该药物注入商品貉体内后,对貉的生理功能产生影响,新陈代谢水平普遍提高,营养物质吸收加快,皮张幅度普遍增加,促进毛绒提前成熟。每年7月份在貉皮下埋植褪黑激素2粒,2周后貉的采食量明显增大,这时要保证饲料供应量,以不剩食为原则。成年貉的毛皮提前40天成熟,幼貉毛皮提前45天成熟,明显减少了饲料投入。埋植褪黑激素商品貉的皮毛质量明显提高,毛色鲜艳,提早上市。貉褪黑激素技术的推广应用,具有广泛的开发前景和实用价值,产生巨大经济效益和社会效益,全国各地已普遍应用于养貉生产中。

第六节　养貉四季歌

乌苏里貉产东北,毛皮珍贵色泽美。
易于饲养好管理,养殖业中高品位。
关键时节要记牢,科学养貉产量高。
正月严冬小大寒,配前管理很关键。
小寒到来控食量,大寒其间调体况。
生理周期调整好,母貉普遍发情早。
修好笼具和产箱,防寒保暖见阳光。
二月立春和雨水,迎来配种好时机。
立春全面查母貉,雨水配种记心间。
发情鉴定要准确,及时配种莫拖延。
看准火候配3遍,编好顺序放一边。
三月惊蛰与春分,母貉普遍怀了孕。
惊蛰期间抓管理,春分饲料要适量。

保持安静防噪声，场内卫生大清除。

精心饲养细照料，产箱保暖要垫草。

四月清明谷雨天，母貉进入产仔期。

清明牢记预产期，谷雨常把饮水添。

产后注射缩宫素，既催乳来也消炎。

初生仔貉吃上乳，母仔都能得平安。

五月立夏接小满，母貉基本都产完。

立夏进入哺乳期，小满饲料不限量。

营养充足奶水好，仔貉成活是关键。

分窝仔貉喂 3 遍，定时定量最安全。

六月芒种连夏至，留种母貉窝里选。

芒种时期驯小貉，以备后期再精选。

夏至幼貉撑大个，华隆饲料最可靠。

驱虫防疫促生长，各种疾病早预防。

七月小暑连大暑，幼貉进入生长期。

能量饲料不能低，吃得饱来长得快。

小暑幼貉食欲旺，体形细长毛光亮。

大暑季节防中暑，认真管理要小心。

八月立秋转处暑，幼貉体形已长成。

立秋发育性功能，供足营养早发情。

处暑饲料加脂肪，快速育肥貉体壮。

适量添加羽毛粉，防止食毛效果好。

经常梳理缠结毛，貉笼粪便常清扫。

九月白露到秋分，夏毛脱掉冬毛生。

白露冬毛要长好，饲喂华隆换毛快。

秋分饲喂添加剂，毛色润滑针毛亮。

貉群生长看仔细,防止食毛别忘记。
十月寒露到霜降,气温降低天气凉。
寒露毛绒已长齐,霜降选种正适宜。
种公头大有精神,身长尾粗四肢壮。
种母温驯母性强,体形匀称腰细长。
冬月立冬至小雪,皮貉进入成熟期。
立冬之前留好种,小雪过后试取皮。
缠结毛要常梳理,毛色光滑针毛齐。
取皮注意防刀伤,每道工序要心细。
腊月大雪连冬至,寒冬腊月天气寒。
大雪之前忙取皮,冬至到来皮取完。
收获皮张保管好,防止霉害和虫咬。
市场信息掌握好,灵活经营出高效。
养貉利国也利民,勤劳致富最光荣。

第七章 乌苏里貉皮的构造与初加工

第一节 貉皮的构造

乌苏里貉皮是由皮肤和被毛两大部分所组成的,它们是乌苏里貉机体的外衣,把貉体同外界环境隔离开,同时还保持与外界的联系,貉皮既能保护貉的机体不受外界的各种伤害,又能在不同的季节里起到调节体温等作用。

一、貉的皮肤结构

皮肤由表皮层、真皮层和皮下组织3部分所构成,它们各有不同的生理功能,皮肤一般厚度为2毫米左右,皮肤的厚度随季节变化而发生变化,貉体各部位皮肤厚度也各不相同。

(一)表皮层

表皮层是皮肤最外层、最薄的一层,占皮肤厚度的1.8%左右,貉的皮肤表皮层受气候影响变化较大,冬季貉皮成熟时表皮层较薄。表皮层可分为角质层和生发层,角质层位于皮肤表面是由复鳞状和完全角化的扁平上皮细胞组成,对于水、酸、碱和有害气体有较强的抵抗能力,起保护貉体的作用。角质层细胞往上升移,就形成较薄的皮屑形式而脱落;生发层是一层圆柱形扁平形活细胞及含有色素的细胞所组成,使皮肤呈现出特定颜色。生发层从微型血管中获取营养,具有分裂能力,增生功能旺盛,使不断老化的细胞升移到表面的角质层。表皮内有神经末梢,但无血管。貉皮表皮层的厚度受很多因素的影响,乌苏里貉的年龄不同、皮肤的部位不同、季不同都影响着貉皮表皮层的厚度。成年貉皮厚而当年貉皮薄,背部皮肤厚而腹部皮肤薄,冬季貉皮肤薄而春、夏、秋季节的貉皮要厚一些。

(二)真皮层

真皮层位于表皮层之下,在皮肤中间层,也是皮肤最厚的一层,约占皮肤厚度的 90%,是由胶原纤维、弹性纤维和网状纤维交错编织而成的。它能使皮肤具有一定的弹性和韧性。真皮层可分为乳头层和网状层,乳头层与表皮层相连,网状层与皮下组织相接,真皮中有毛根、血管、淋巴、神经、汗腺、皮肤腺等。此外,还有色素细胞、脂肪细胞和肌肉组织。真皮层厚度随着不同季节被毛脱换而变化,在被毛成熟期,乳头层薄,网状层厚,皮肤薄而紧密,结实耐用;在毛绒脱换期,乳头层厚,网状层薄,皮肤厚而疏松,在脱换毛期间的貉皮利用率低,没有什么利用价值。

(三)皮下组织层

在皮肤最底层,它占皮肤厚度的 6%～10%,皮下组织把真皮层与貉的肌联连结起来,皮下组织含有脂肪结缔组织层,由排列疏松的胶原纤维构成,纤维之间有许多脂肪细胞、神经、肌肉纤维和血管等。它具有一定的弹性与缓冲作用,能有效保护貉体内各生理器官免受外界压力的伤害。皮下组织具有调节体温、贮存营养的功能,该层在裘皮中无使用价值,在刮油时都被清除刮掉。

二、被毛的结构

被毛是由触毛、针毛、绒毛 3 种类型的毛所组成,被毛是皮肤上的角质衍生物,是保护貉体的重要组成部分。毛来自表皮的生发层,是一种柔韧而富有弹性的角质丝状物,被覆盖在皮肤的外表,被毛中形成空气不易流通的保温层,具有良好的保暖作用,每根毛从生长发育到脱落都有一定规律性。

(一)被毛的种类

貉皮肤上的毛可分为三大类型,即由触毛、针毛、绒毛3种毛组成,统称毛被,也称被毛。

1. 触毛 位于貉头部的两边吻端,是貉的感觉器官之一,弹性强,毛干直而光滑,呈圆锥状,起导热、防水、防湿作用。触毛根部有神经末梢,有感觉功能。触毛数量极少,不影响毛皮质量,起测距、导向作用。

2. 针毛 位于绒毛的中间,比绒毛长,呈纺锤形和披针形,针毛的长度和细度都小于峰毛,针毛盖于绒毛之上,数量占被毛的3%左右,起导热和保护绒毛不缠结等作用。

3. 绒毛 比针毛短而细,是最柔软、最细的毛,颜色较浅,毛形弯曲,毛色一样,数量最多,占被毛的97%以上,夏季貉的绒毛稀疏,约3 000根/厘米^2,利于貉体散热。冬季乌苏里貉臀部被毛密度约1.1万根/米^2,起护体防寒作用。

(二)被毛的构造

在形态上,每单根貉毛可分毛干、毛根2部分。露在皮肤外面的部分为毛干,埋在真皮和皮下组织内的部分称为毛根,毛根末端的膨大部分称毛球,包围毛根的上皮组织的结缔组织部分构成毛囊,在毛囊的一侧一束平滑肌称为竖毛肌,收缩时可使毛竖起来。

1. 毛干 被毛露在皮肤外面的部分叫毛干,长在皮肤里面的部分叫毛根。峰毛和针毛由鳞片层、皮质层和髓质层构成,绒毛只有鳞片层和皮质层,而无髓质层。

(1)鳞片层 被毛的最外层,由数层透明的、扁平的、无核、完全角质化的鳞片状细胞构成。鳞片呈冠状和复瓦状排列。鳞片层对外界的酸、碱、盐等化学作用和外力及微生物的侵蚀均有较强的抵抗力，故对毛有保护作用。此层表面常被有皮脂腺的分泌物，可以防止水分渗入到毛干中去。毛的光泽决定于鳞片的排列状况，鳞片间彼此重叠越少，而毛表面越光滑，反光性越强，则毛的光泽越强。

（2）皮质层　位于鳞片层的里面，占毛粗度60%左右，由与毛纤维纵轴平行紧密排列的细长而直的菱形细胞构成。该层是毛干的最坚固的一层，它决定毛的强度、弹性和耐磨力，越发达的毛，强度、耐磨力和弹性就越强，皮质层细胞内有颗粒状或已溶解的色素。

（3）髓质层　髓质层位于毛干的中心位置，与皮质层和鳞片层为同心圆结构。由若干个排列得较疏松的多角形细胞组成，髓质细胞内或细胞间充满了空气，起导热的作用。髓质的有无、形态、发达程度，与乌苏里貉年龄及毛的类型有关，一般幼貉及很细的毛均无髓质层。

2. 毛根　毛根顶头叫毛球，裹着毛根的皮肤叫毛囊。毛球的正中心有凹陷，毛根部上边的中心连接着髓质层，凹陷部的对面是皮肤的皮质层凸到毛球的中心部叫毛乳头。

（1）毛根是随着毛的生长而发生变化　从胚胎毛起至毛皮的成熟期以前，毛球一直是开放的，由它供应营养和色素细胞。当毛生长到成熟期时，毛乳头封闭，毛根变成圆形，此时皮肤洁白而薄，标志着毛皮完全成熟。

（2）毛生长时的变化影响着皮肤的变化　当生成胚胎毛时，皮肤松弛而增厚，同时产生大量的色素细胞，随着被毛的生长色素从皮肤中不断地向被毛供应，一直到被毛生长成熟后，皮肤紧密而薄，皮肤中不再产生色素细胞，皮肤洁白。当被毛开始脱落时,皮肤又开始增厚,皮肤中又开始产生色素细胞。由于季节的变化,毛根在皮肤中的位置也有变化。毛绒生长期毛根位于真皮层中的下层,靠近皮下组织层,毛绒成熟初期,毛根位于真皮层的上层,以后逐渐上升,直到脱落。

(三)被毛的色泽

被毛的颜色也随季节变化,秋季毛色深而光亮,栗、黑、黄3色花斑纹色调清楚;冬季毛色光泽度和栗、黑、黄3色调清晰变得更加明显,毛干较直,毛干上下的粗细和毛根接近;春季被毛无光泽、干枯、毛尖有劈梢。毛绒倾斜和弯曲,是由毛囊的倾斜度和弯曲度决定的。直线倾斜的毛囊,生长出来的毛是直的,多为触毛和针毛;弯曲毛囊其生长的毛是弯曲的,多为绒毛或卷毛形的毛;貉毛的倾斜度还受毛的密度影响,凡是绒毛密度大,针毛的倾斜度就小,反之则大。但绒毛越丰厚,弯曲越多,绒毛越空疏,则弯曲越小。

貉的毛被上的毛色和花斑纹组成毛被上的各种毛色,毛梢上的色泽特别明显,毛被上的色泽与貉的年龄、营养好坏、生活的地区及各个季节不同而发生变化。毛被上的色泽使乌苏里貉与栖息地的自然环境融为一体,起保护自身安全的作用。

(四)被毛的脱换

乌苏里貉属于犬科,在冬季有着似冬眠而又非冬眠的特点,是季节性换毛动物,它为了适应于外界环境的季节性变化而发生换毛。

1. 春季换毛规律 乌苏里貉第一次脱换毛在晚春与初夏之间的3月份开始,需用2～3个月时间,完成脱去丰厚的冬毛,长出稀短的夏毛的全过程。春季脱换毛的特点是冬绒毛与皮肤毛孔的紧密度减弱,而后冬毛中的绒毛先开始从毛孔中慢慢脱出,这时皮脂腺分泌物减少,毛被开始干枯,毛色减退,冬绒毛开始从毛囊中向上移动,使被毛显得长而软,已脱离皮肤的冬绒毛和尚未脱离皮肤的冬绒毛缠结在一起,而新生的夏针毛也开始缓慢从毛囊中长出皮肤表面,从而使这个时期貉的毛被显得非常蓬乱。春季换毛顺序是先从头部、颈部、前肢开始脱换毛,其次为脊背部、臀部,最后是腹部和尾部,失去光泽的毛被一片一片脱落。新生的夏毛生长的次序与脱换次序相同,8月初冬毛基本脱净。从春天长出的夏针毛,在夏初便停止生长,夏季的乌苏里貉毛绒稀疏,短而粗,这种夏毛实际上就是冬毛绒。夏毛稀疏,利于散温,皮肤呈红、厚、硬的状态,毛色为栗褐色。

2. 秋季换毛规律　进入8月份以后只脱出前1年冬季的针毛,而夏季生长出来的夏针毛在秋季换毛中是不脱换的,并不断地补充新长出丰厚的冬绒毛,也叫第二次脱换毛,脱换毛顺序是从后向前,先从尾部、臀部开始,然后是腹部,逐渐向背部、颈部,最后为头部和前肢。脱出夏毛的同时,冬绒毛亦按此顺序同时长出。10月底前1年冬针毛脱净,当年生长的夏针毛与秋季生长的冬绒毛一起共同形成当年冬季新被毛。第二次脱换毛结束,皮肤变得细腻、洁白,有油性,颜色由栗褐色转变为带黄黑条纹色。11月下旬冬被毛基本生长成熟,毛绒变得灵活稠密,皮肤变成薄韧洁白的成熟冬皮,乌苏里貉属中晚期成熟类型毛皮动物。

春、秋2次脱换毛有不同的特点,脱换毛的先后顺序也不一样,春季脱换毛是从头部开始向身体后部脱换毛,而且只脱绒毛,不脱针毛。而秋季脱换的针毛是前1年生长的冬针毛,当年生长的夏针毛不脱换,夏季生长的针毛与秋季生长的绒毛融为一体,构成新一年的冬季被毛。

3. 温度与光照对换毛影响 每天光照时间的长短对乌苏里貉脱换毛的影响很大,因为自然界光照周期的变化是有规律的,所以光照周期的季节变化也成为乌苏里貉脱换毛的首要信号。因此,在养貉生产中,通过人为地对光周期的控制,缩短或延长光照时间,从而改变乌苏里貉的换毛季节,使毛皮提早成熟,极大地降低了饲养成本。

第二节 貉皮的剥取与初加工

乌苏里貉毛皮从小雪季节过后逐渐成熟,也就是在 12 月份太阳黄经达到 255°~300°时,即大雪节气至大寒节气时期取皮为最好。貉皮成熟标志是底绒丰厚、针毛直立,被毛灵活而有光泽、尾巴蓬松。提住貉后用嘴吹开被毛时,皮肤呈粉红色或白色,貉皮已达到毛皮成熟标准时,即可进行宰杀。在处死、剥皮、刮油、洗皮、上楦、整理等方面处理得不当,也都会影响貉皮质量。所以,在初加工时,应认真按国家规定的规格要求,细心操作,减少人为因素对貉皮质量的影响,从而获得质量更好的貉皮。

一、取皮时间

在常规生产中,人工饲养的乌苏里貉毛皮成熟时间是 11 月下旬至 12 月下旬的冬至季节。人工养貉的取皮宰杀时间主要取决于毛皮的成熟程度,但由于营养水平和自然地理条件不同,开始取皮的时间也不同。高寒地区早些,营养水平好的早些,壮年貉早于当年貉,母貉早于公貉。开始取皮时间必须依据毛绒外观的综合鉴定来决定。要把握住毛绒成熟程度,做到成熟一只,宰杀一只,一定不能操之过急,并做好取皮前的各项准备工作,这样才能确保毛皮的质量。

二、取皮前的准备工作

第一,在取皮前要准备好楦板。貉皮楦板是国际统一使用标准,要求楦板光滑,完好无损。

第二,准备好剥皮用的尖刀、剪子、刮油刀、楦棒等工具。目前,我国还没有统一使用工具,多采用剔骨刀开档,用普通剪刀修理爪、头部及各部位难以处理的残肉等,用电工刀剥割皮、筋、骨相连接处,用竹刀刮掉皮下组织及脂肪。

第三,准备好楦棒。用于将剥下来的鲜皮套在楦棒上,便于清除皮肤上的脂肪。

第四,准备好粗、细锯末。粗的锯末洗毛面用,细的锯末洗皮肤用,利于清洗皮里皮上的血污和油污。

三、处死方法

处死乌苏里貉应本着简单易行,致死快,不污染毛被,不影响毛皮质量为原则。下面介绍 3 种方法。

(一)电击处死法

将连接 220 伏火线(正极)的电击器金属棒插入貉的肛门内,待貉前爪或吻唇着地时,接通电源,貉立即僵直,3～5 秒钟电击死亡。此法无污染,不损伤毛皮。

被处死的貉尸体,不要堆积在一起,避免因貉尸体过热而闷板脱毛,应立即剥皮,因为冷凉的尸体剥皮十分困难。貉皮按商品规格要求,剥成圆筒皮,并保留四肢完全,保持貉的鼻、眼、口、耳、尾巴完整,亦有的皮货商只要两后肢完整,前肢从肘上部剪断。

（二）颈部推断法

一只手抓住貉的颈部按在地面，另一只手抓住貉嘴下部猛将头部向后翻推，双手快速用力，将貉颈骨折错位，颈椎骨即脱臼，貉很快死亡。

（三）心脏注射法

一人用双手保定貉，术者用左手握住貉胸腔的心脏位置，右手拿注射器，在心脏跳动最明显处针刺心脏，将针头准确插入貉的心脏并注射空气，貉的心脏进入空气后，因血管栓塞而立即死亡。

四、剥皮方法

在剥皮时，要求操作人员掌握好剥皮技术，严格遵守操作规程，剥皮应本着不降低毛皮质量，毛皮保持清洁的原则进行。剥皮最佳时间应在貉尸体内血液停止流动后，微有一些温度，这时的貉皮最易于剥取又省工，要尽快剥取。乌苏里貉皮采用圆筒式剥皮法，要求剥成毛朝外的完整皮筒。

（一）洗　尸

已处死的貉尸体要肚底着地单只摆放，不能堆积到一起，以免貉尸体过热而造成闷板脱毛。先将貉尸体用锯末搓洗一遍，除掉皮毛上的血污和杂物，特别是肛门与生殖器周围的赃物一定要搓洗干净，以利于取皮。

（二）开　裆

先用尖刀从前肢内侧开始，于脚趾中间下刀，沿内侧一直挑至肘关节，再挑另一前肢。然后开始挑后肢，从趾关节沿后腿内侧，沿后肢长短毛交界处挑到肛门前缘，在距肛门一侧约1厘米时，挑刀折向肛门后缘与尾巴部开口汇合，至肛门后缘，然后把后肢这两刀转折点挑通，另一后肢也用同样方法挑通。最后由肛门后缘沿尾部腹面正中挑至尾的中部，去掉肛门周围的无毛区。挑裆时，挑裆线要平齐呈一直线状，否则会影响貉皮长度和外形美观（图17）。

（三）剥　皮

先剥下两侧后肢和尾，要保留足垫和爪在皮板上，当剥离到第三趾骨时，用刀在第三趾骨处剪断，使趾骨保留在后肢上，但将第三趾骨末端的爪留在皮板上，然后剥离尾骨，当尾部皮板向后部剥出 1/3 时，用力抽出尾骨，再将尾部皮板腹面用刀挑到尾尖，切记要把尾骨全部抽出，并将尾皮沿腹面中线全部挑开。然后将两后肢固定在钩子上倒挂起来，呈筒状向下翻剥，剥到雄性尿道口时，将其剪断，剥离一直到前肢。前肢也做筒状剥离，在腋部前肢内侧挑开 3～4 厘米的开口，以便翻出前肢的爪和足垫，在第三趾骨末端剪断。当翻剥到头部时，剥离头部操作要细心，应将耳、鼻、眼、唇部剥完整，防止剥破皮板，按顺序将耳朵、眼睑、嘴角、鼻皮割开，耳、眼睑、鼻和口唇都要完整无缺地保留在皮板上。不要将眼、鼻孔剥成大洞。在剥皮时不要剥破皮板，可采取边剥边用细锯末反复搓皮板和手指上脂肪，并用力向下翻拉的钝性剥离方法。

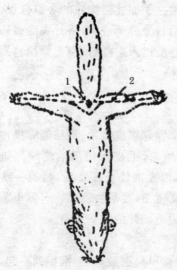

图17　貉开裆示意图

1. 肛门　2. 开裆部位

五、初加工方法

为了使鲜貉皮达到国家外贸规定的商品貉皮的规格要求，必须及时进行初加工。初加工主要工序有刮油、洗皮、上楦、干燥、下楦、整理皮张等步骤。

（一）刮　　油

剥好的鲜貉皮要尽快刮油。一般都采取手工刮油的方法。刮油的目的在于剔除皮板上的脂肪，结缔组织残肉。刮油时先将专用刮油楦棒托在貉皮内，用竹刀刮油，先将尾部油污除净，而后从头部向腹部进行。刮油时，边刮油边用锯末搓皮板上油脂，持刀要稳，用力要均匀，把皮板撑平，不能有皱褶，避免刮伤真皮层，及时除掉刮下的油脂，防止油脂污染毛皮。刮到母貉皮乳房及公貉皮排尿生殖孔部位时，要小心，用力要轻，以免刮破。刮油刀不要过于锋利，只要能刮掉脂肪和残肉即可。刮油时严防刮伤真皮层，否则易引起毛绒脱落。四肢、头部、尾部等油脂也应尽量刮净。难以刮净的可用剪刀轻轻剪掉。

（二）洗　　皮

采用硬锯末反复搓洗皮板上的浮油，然后将皮板翻过来再洗毛绒，直至洗净有光泽为止，最后将毛绒内锯末抖净。大型养貉场洗皮数量多时，可采用转鼓洗皮，先将皮板朝外放进装有锯末的转鼓内，转几分钟后，将皮取出，翻转皮筒，使毛朝外再放入转鼓内洗毛被。为了脱掉毛被上的锯末，从转鼓中取出毛皮放入转笼中转 5～10 分钟，以甩掉毛被上的锯末。用排针梳子将被毛梳理顺，使被毛蓬松光洁。

（三）上　　楦

刮油和洗皮后应及时上楦，上楦时先把貉皮（毛朝内）皮

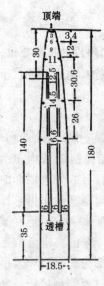

顶端

图 18　乌苏里貂皮楦板　(单位:厘米)

朝外,套在楦板上,楦板顶端向下留出 15 厘米位置,将貂皮尾根部拉宽平展固定在楦板上,而后双手用力均匀由下向上拉长貂皮,使貂皮得到充分伸展后,摆正耳部,再用钉子将貂皮鼻尖部固定在楦板顶端,最后再将尾巴、后肢及貂皮边缘用图钉固定在楦板上。待皮板晒干后,再将皮板翻成(皮朝内)毛朝外,这样能使皮张快速晾干,不易发霉变质(图 18)。

中国土产畜产进出口公司于 1986 年 10 月 6 日公布了貂皮与狐皮的统一楦板尺码,公、母貂皮楦板不分,貂皮楦板长度为 150 厘米,最宽处 18.5 厘米,随着养貂业的深入发展,人工饲养的貂皮张加大,一种更实用的新式楦板规格有很大改变(表 21)。

表 21　貂皮楦板规格　(单位:厘米)

距顶端楦板长度	楦板宽度
0	3
5	6
10	9
20	12
40	15
60	16
90	17
110	18
130	18.5

距顶端楦板长度	楦板宽度
150	18.5
180	18.5

注:新式标准楦板厚度:1.5厘米

(四)风 干

鲜貉皮含水量很高,如果不及时晾干,轻者会出现闷板脱毛现象,重者使貉皮失去使用价值而卖不上好价钱。为此必须尽快进行干燥处理。目前,大型养貉场采用风干机供风干燥法。小型养貉场和养貉户,采用风干自然干燥法。

(五)下 楦

当毛皮的四肢、足垫及后部干硬时,要及时下楦。下楦时应重点检查后爪、颈部、前肢风干程度,下楦后应单只悬挂于通风良好的地方进一步晾干。下楦后貉皮易出现皱褶,被毛不平顺,影响毛皮美观。因此,下楦后需要用锯末再次洗皮,洗皮完后手持木条抽打除尘,以增加毛绒的光洁度,再用密齿小铁梳轻轻将小范围缠结毛理顺,使毛绒蓬松,而后要两张貉皮串在一起,挂在通风的地方晾晒,使貉皮继续晾干为准。

(六)包 装

整理好的貉皮,根据国家验收标准进行分级分类,根据商品规格及毛皮质量(如成熟程度、针绒毛完整性、有无残缺等)进行初步验收定级,然后,分别用包装袋包装后装箱待售。在保管期间要防潮、防止虫咬和鼠害。

第三节 貉皮的销售技巧

每年冬季到来时正是广大养貉者的收获季节,养貉者通过自己一年的辛勤劳动，生产的貂皮收获后将要出售了。这时，养貂者要经常多方面咨询毛皮市场上的貂皮供求信息，尽可能做到比较准确地了解毛皮市场上的貂皮销售价格，并对自己将要出售的貂皮价格有初步了解，做到心中有数，防止因信息不灵受毛皮贩子欺骗而将貂皮贱卖，以争取将貂皮卖到较高的价格。

皮毛市场上貂皮价格变化无常，但也具备相对的稳定性和周期性。所以，在貂皮出售时，先要根据自己养貂场的经济实力，制订出符合本场实际情况的出售方案，可分期分批出售，先出售一部分貂皮，解决养貂场生产用的周转金，这样即使后期毛皮市场上貂皮价格上升，场内还有批量貂皮出售，也能保持较高的销售价格。如果本场经济实力与技术力量较强，又能预测到后来的毛皮市场上貂皮行情看涨，当年生产的貂皮可压到翌年七八月份再出售，但要高度注意国内、外皮毛市场上貂皮供求动态，只要自己感觉到貂皮销售价格合适，应尽快出售，不要犹豫不决，以免错失机遇。人们常用"家有万贯，带毛的不算"和"快马赶不上毛皮行"来形容毛皮市场上各种毛皮价格瞬息之间就有变化，而且变化得很快就是这个道理。

总之，在养貂行业中，有学不完的经验，总结不尽的教训，我们养貂者不但要认真饲养好貂，还要下大力去研究毛皮市场上的信息，及时了解毛皮市场上貂皮行情变化，预测到毛皮市场上将要变化的感觉，才能使自己养貂场在养貂行业，以优质产品去占领市场，以市场信息确定自己养殖场中生产规模，以养殖效益为中心，稳步持久地向前发展。貂皮在国内毛皮市场的价格见图19。

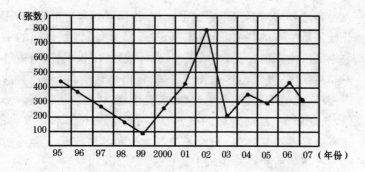

图19　乌苏里貉皮在国内毛皮市场上逐年销售价值表

第四节　貉皮的质量鉴定及收购规定

目前,在国内、外毛皮贸易市场上,对乌苏里貉皮的鉴定,有仪器测定和感官鉴定两2方法,以验毛为主,验皮为辅,根据皮张的实际使用价值,全面给予鉴定。现将中华人民共和国供销总社和中国土产畜产进出口总公司有关乌苏里貉皮收购规格的规定介绍给大家,供参考。

一、貉皮的伤残因素

人工养貉最终目的是获得毛绒丰厚、针毛灵活、色泽光润、张幅宽大的优质貉皮。但影响貉皮质量的因素很多,归纳起来可分为自然因素和人为因素2种。

(一)自然因素

当年貉皮皮板薄,绒毛细略短于针毛,针毛较长;2～3年的壮年貉皮板足壮,绒毛丰满柔软,针毛灵活紧密,色泽光润,皮质最好;3年以上老貉皮板厚硬,绒毛粗涩,色泽暗淡无光,皮质较差。

自然环境对貉皮影响也很大,在我国气候寒冷的东北、西北地区所生产的貉皮,毛绒丰厚,皮板质量好;气候温暖的中原地区所生产的貉皮,毛绒短小,色泽较好,皮板柔韧,但质量不如高寒区;气候炎热的长江以南,西南地区所生产的貉皮,皮张小,毛绒空疏,毛色稍红,毛皮质量差,利用价值很低。所以,长江以南、西南地区的气温高,一般情况下都不宜养貉。还有对乌苏里貉体内、外的各种寄生虫和各种疾病不会预防或治疗不及时也都会影响毛皮质量。

(二)人为因素

平时饲养管理不当对毛皮影响也很大。如营养不良,饲料中缺乏各种微量元素等,都会出现貉的体质和毛皮发育不良。宰杀时间过早、处死方法不当,初步加工方法不正确,对貉皮的保管不妥等人为因素都会使貉皮质量下降,也会降低经济收入。

(三)貉皮在不同季节里的品质特征

1. 春皮 早春貉皮也叫桃花皮,绒毛长而发黏,光泽度微差一些,针毛长软而不直,还略有下垂,微有脱毛现象,皮板略显红色,利用价值略低于冬季。晚春貉皮绒毛黏结,被毛表面零乱不整齐,针毛干枯,无光泽,脱毛现象严重,臀部皮板发黑,无油性,利用价值低于早春皮。

2. 夏皮 夏季貉皮绒毛空疏,针毛粗长而稀疏,绒毛短小呈深褐色,皮板黑硬无柔性,无使用价值。人工养貉在夏季不能取皮,过去人们所说的皮草行为"冬皮夏草",是指做毛皮生意的人在冬季卖裘皮制品,在夏季卖凉席。现在把这句成语用在养貉生产上,冬季生产的貉皮有利用价值而值钱,夏季生产的貉皮就像夏天的青草一样分文不值。

3. 秋皮 秋季貉皮绒毛短而空疏,针毛少而色泽暗,尾巴较细,貉皮整体表面杂散不整齐,早期皮板呈青褐色,晚期青灰色。背部、臀部尤其明显,不成熟的貉皮,利用价值很低,市场价格也很低。人工饲养的乌苏里貉在取皮季节一定要注意观察毛绒的成熟度,等毛绒成熟再取皮,不能操之过急,取皮过早会严重影响貉皮质量与价格。

4. 冬皮　冬季貉皮毛绒丰厚而稠密,针毛长直而灵活,色泽润滑,皮板细白而柔韧,尾巴粗大而蓬松,整体表面平齐而美观大方。冬季是貉皮成熟时期,利用价值最高,也最值钱。

二、貉皮的品质鉴定

目前,貉皮在我国民间贸易中,多采用感官鉴定方法。普遍通过看、摸、吹、闻等手段,凭实践经验,对毛皮进行鉴定。检验时,以验毛绒为主,验皮为辅。既要按照规格要求,又要看貉皮的实际使用价值,全面给以考虑,做到合理定价,使貉皮的真正实用价值与市场的实际价格基本相符。

(一)拿皮方法

首先将貉皮放在检验台上,先用右手拿头部的鼻镜部,拇指在上,四指在下,再用左手轻轻握住貉的尾根部及两后肢,右手拿貉皮头部稍低些,左手拿貉皮尾根部稍高些。这样便于观察貉皮全部位,也可反复正、反面检查。而后轻轻上下抖动,使貉皮各部位毛绒舒展开,竖立蓬松。

(二)检查毛皮的品质

检查中先看毛绒的稠密度和灵活度,毛绒的颜色和光泽,毛面是否平齐。再看皮板的成熟程度,一般冬皮柔韧细致,有油性,皮面白色或灰青色。通过看,对貉皮质量有所了解,思想上基本形成确定貉皮的等级。然后再用手触摸,拉扯摸捻毛皮,深入检验皮质是否足壮,以及瘦弱程度和毛绒的疏密柔软程度,探明伤残具体部位。对看不清楚的部位,要用嘴吹开毛绒,"吹毛求疵"的成语就是源于检查毛皮质量。检查毛绒分散或还原程度,细致检查底绒生长情况及其色泽。而后用鼻子闻一闻皮板,如果貉皮因贮存不当,皮板上就有腐烂变质的臭味。例如,貂皮表面上出现散乱针毛或一小撮绒毛浮出貉皮表面时,就足以说明貉皮的皮板出现问题,要认真反复检查。

掌握以上情况后,再根据貉皮的具体规格要求,适当灵活地确定貉皮等级规格。

三、貉皮的商品规格及质量检验

根据中华人民共和国供销总社和中国土产畜产进出口总公司有关乌苏里貉皮张收购规格的规定,现将貉皮的收购规格介绍如下。

(一)加工要求

按季节宰杀(冬季皮),刮皮适当,皮形完整,头、耳、腿、尾齐全,抽出尾骨,除净油脂后开档,以板朝里、毛朝外,圆筒按统一标准楦板上楦展平晾干。

(二)等级规格

0号特级皮　冬季取皮,毛绒丰厚,针毛齐全,绒毛清晰,色泽光润,板质良好,无伤残,皮板实用面积在2 580平方厘米以上。

一级皮　毛色灰蓝光润,绒毛丰足,细软稠密,针毛齐全,皮张完整,板质优良,无伤残,面积在2 310平方厘米以上。

二级皮　绒毛略空疏或略短薄,针毛齐全。具有一等皮的毛质、板质,可有臀部针毛摩擦;两肋针毛擦尖;轻微塌脊。有伤残破洞2处,长度以不超过10厘米,面积不超过4.44平方厘米,皮张面积在1980平方厘米以上。

三级皮 毛色灰褐,绒毛空疏,短薄,针毛齐全,皮张完整,具有一、二级皮质、板质,可带伤残3处,伤残长度不超过15厘米,伤残面积不超过6.67平方厘米,皮张面积在1770平方厘米以上。

不符合要求的为等外皮,应根据实用价值,酌情定价(表22)。

(三)说　明

第一,皮形标准指国家统一榄板而言。

第二,色泽变异、绒毛过粗、缺针、除油不净、受闷掉毛、皮形不标准及非季节皮,均酌情降价。

第三,量度方法:①从鼻尖量至尾根部,计算皮张长度要减少15厘米;②从耳根量到尾根,计算皮张长度时不减少,计算方法一样,有多少算多少,用其长度和腰部适当部位的宽相乘再乘以2,求出皮张面积。挡间差就下不就上。

第四,等级比差:特等120%、一等100%、二等80%、三等60%,等外40%以下按质计价。

表27　貉皮尺码标准

尺码号	尺码长度(厘米)
000	>115
00	106~115
0	97~106
1	88~97
2	79~87
3	73~79
4	<70

注:长度介于两挡之间时(即上、下尺码交叉线),就下不就上

第八章　乌苏里貉的疾病防治

第一节　貉病流行特点及防治中存在的问题

一、貉的疾病流行特点

乌苏里貉的疾病可分为传染病、普通病和寄生虫病3大类，其中以传染病发生最多，传染最快，危害最大。由于动物宿主与病原体长期受到诸如免疫接种、应激反应、环境因素、饲养方式、个体健康状态、化学药物等的影响，导致某些疾病的流行特点、临床症状发生变化，表现流行缓慢，不典型亚临床病例增多或呈散发形式流行。如犬瘟热、细小病毒性肠炎、流行性感冒、仔兽的大肠杆菌感染、皮肤疥螨病、附红细胞体病等。

病原毒力或抗原型出现新的变化，有些疾病病原毒力表现增强，出现了强毒或超强毒株，虽然已进行了免疫接种，但貉体内仍未能获得有效的免疫力，常出现免疫失败现象，这种情况几乎每年都有，通过大剂量紧急接种结合使用能激活免疫系统的免疫增强剂才能控制住。

新发生的疾病种类增多。近几年，在养貉生产中流行很多新病，如附红细胞体病、化脓性子宫内膜炎、幼龄貉的腹泻、貉的大爪病等，这些新病无疑给养殖和防治带来了新的问题。

混合感染病例增多，病情复杂，危害程度也越来越大，特别是一些条件性、环境性病原微生物所致疾病有所增加，如大肠杆菌病、绿脓杆菌感染、葡萄球菌感染,皮肤疥螨和真菌病等。往往很多病毒性疾病与细菌性疾病合并感染,使病势加重,死亡率明显增高,这给诊断和防治带来新的难题。

细菌性疾病和外寄生虫病危害日益严重,尤其是皮肤螨虫几乎在全国各省、自治区的养貂场内广泛流行,如果治疗不及时,不仅增加了治疗费用,而且还严重影响毛皮质量。

在貂群中时常出现不明原因的猝死,临床和病理检验可见有心源性的、脑源性的、肝源性的、脾源性的、肺源性的及肾源性的,即在貂死亡后,上述某一器官发生极显著的病理变化,将貂尸体拿到兽医检疫部门检查时,都检测不到病原微生物。目前,许多养貂户对幼貂的猝死原因还没有诊断能力。

二、貂疾病防治中存在的问题

许多新养貂户不注重饲料、饮水、环境卫生,忽视了平时对貂的饲养管理,这是貂病流行的一个重要因素,特别是条件性病原微生物的侵染,与貂场的卫生有直接关系,螨虫的发生与饲养环境等因素密切相关。

使用抗生素的剂量过高、疗程不足,不管什么病都用青霉素,青霉素成了“万能药”,在饲料中长期添加化学药物,结果导致越治越重的局面。疾病诊断技术落后,缺乏对某些疾病快速准确的诊断方法,这导致了病情加重,错过了最佳治疗机会。

特别是在夏、秋季,粪便堆积过多,不及时清除而发酵、恶臭,产生大量的氨气,苍蝇铺天盖地,极易传播疾病。

有的养貂场在没有防护措施的情况下,随意解剖尸体,剖检过的尸体到处乱扔,造成环境污染,病原扩散。

对药物的性能和配伍禁忌缺乏了解,结果造成药物失效或药效降低,如青霉素与维生素 B_1、维生素 C 合用可破坏青霉素的功效;青霉素与庆大霉素合用可降低药效;头孢菌素类和青霉素均不能与酸性(如维生素 C)或碱性(如碳酸氢钠)药物配伍;青霉素与黄连素配伍可产生沉淀反应;氯毒素不能与青霉素、氨苄青霉素及磺胺类配伍;地塞米松不能用于病毒性疾病感染的治疗等,这些都是必须了解的用药常识,应引起重视。否则,临床上就会出现治疗效果不佳或越治越重的结果。

综上所述,全国各省、自治区许多养貉场对貉病的防治还仍然存在很多问题,从事此方面工作的科技工作者应不断探索,特别是在各种疾病的快速准确诊断及高效疫苗和药物的利用、环境卫生和环境生态保护方面应加大研究力度,以推动我国养貉业的健康发展,使养貉业在特种养殖业中,获得更高的经济、社会和生态效益。

三、貉传染病的传染途径和处理方法

貉的传染病是由一定的病原微生物侵入貉体内而引起发病的。例如,貉犬瘟热是犬瘟热病毒侵入貉体内而发病的,貉大爪病是真菌侵入貉爪之间而发病的。当大群健康貉与个别病貉接触时,病原微生物就通过消化道、呼吸道、肢体之间、交配等传播途径直接传染给健康貉。病貉的粪便、鼻液等排泄物和分泌物都带有病原微生物,污染了饲料、饮水、饲养工具及运输工具等,通过这些媒介间接传染给其他貉。貉传染病的流行过程是从个体发展到群体的发病过程,这个过程是病原体从已被感染的貉(传染源)排出,病原体在外界环境中停留,经过一定的传播途径,侵入健康貉体内而形成新的传染。如此连续不断地发展,就形成了流行过程。

综上所述,传染病在貉群中传播,必须具备传染源、传播

途径和易感貉群 3 个基本环节,当传染病已经开始流行时,切断其中任何一个环节,流行即告结束。因此,要想及时扑灭貉的传染病,要么消灭传染源,要么切断传播途径,只要消灭传染源和切断传播途径,这样才能有效制止貉传染病的发生。

第二节　搞好环境卫生与防疫工作

一、严把饲料卫生关

乌苏里貉在人工饲养条件下,饲料供给不当是造成貉发病的主要原因,因此必须严把饲料卫生关。凡对购入貉场的饲料(鱼肉类、谷物类、蔬菜瓜果类)都必须经过认真检查,不能有发霉变质现象。新鲜的动物性饲料可生喂,有轻微变质的饲料要清洗干净以后煮熟再喂,严重变质的饲料宁可丢掉也不能用来喂貉。各种饲料要分类贮存。饲料配方要合理,调制速度要快,以保证饲料的新鲜程度,并给予适量的清洁饮用水,严防病从口入。

二、搞好卫生与消毒工作

在炎热的夏季,喂貉之前要彻底清除食盒内剩食,并及时将各种加工器械、用具和食具清洗干净。经常清理笼底下面的粪便,认真做好灭鼠、灭蝇、灭蛆等工作,保持貉场清洁卫生,并定期用 0.2% 高锰酸钾溶液或生石灰粉对貉场地面和笼具进行消毒。工作服和捕捉工具,也要定期清洗消毒。搞好卫生消毒工作,是切断传播途径,防止各种病原体传播的重要措施。

三、健全防疫制度

大、中型貉场门口应设有消毒池,池内装生石灰粉,进、出貉场的人员、车辆都必须进行消毒。场内工作人员入场后,必须更换工作服和胶靴,禁止将工作服带出场外。非工作人员未经批准,不得私自进入貉场。新引进种貉要认真进行检疫,种貉入场后,要隔离饲养 20 天以上,观察无病后才可以进入种貉群。禁止外界家畜、家禽进入养貉场。要克服侥幸心理,经常密切注意了解监测外界疫情,及时采取有效防疫措施。

四、定期检疫及时接种

检疫是应用药物对貉进行检查,使病貉身体出现阳性反应,及时把病貉从健康貉群中挑拣出来,对症施治,达到保持健康貉群的目的。接种疫苗可有效地预防各种传染病的发生,疫苗注入貉体内 15 天后,可产生抗体,获得免疫力。目前,我国已生产出能预防貉传染病的疫苗有犬瘟热疫苗、病毒性肠炎疫苗、巴氏杆菌疫苗、貉阴道加德纳氏菌灭活疫苗等。免疫期均为半年,每年在 7 月份和 12 月份可对全群貉逐只进行预防接种。各种疫苗的用量、用法及注意事项,可参照所附说明书。

五、扑灭传染病的措施

貉群中如果发生传染病,应立即采取紧急防治措施,对貉群进行逐个检疫,及时隔离病貉。凡被病貉污染的环境,笼舍、产箱、用具等都必须进行彻底干净的消毒。病情确定后,应立即对健康貉群进行预防接种,严格控制传染病的蔓延。饲料要以新鲜、适口性好的动物性饲料为主,增强貉群体质,以提高貉群体的免疫力和抗病力。

貉场常用化学药物杀灭病原体,消毒药物有下列几种。

(一)漂白粉

一般每 1 000 毫升水中加 0.3～1.5 克用于饮水消毒;5%～20%混悬液用于粪便消毒。

(二)苛性钠(烧碱)

常用 2%～4%的热水溶液消毒被细菌、病毒污染的用品。但金属器械和笼子不能用,容易被腐蚀。

(三)石灰水

石灰水是用 1 份生石灰加 1 份水制成的熟石灰,再用水配制成 20%的石灰溶液,用于粪便、地面的消毒。该溶液需现用现配。配好长时间不使用则无效。

(四)来苏儿

又称煤酚皂溶液,是含煤酚 47%～53%的肥皂制剂。1%～2%的来苏儿溶液用于体表、手臂和器械的消毒;5%的来苏儿溶液用于笼舍、污物的消毒。

(五)甲醛溶液

常用 4%甲醛溶液消毒地面、护理用具及饮食用具,对细菌、病毒、真菌等有较好的消毒效果。

第三节　疾病的诊断

对乌苏里貉疾病诊断的目的,在于全面了解病貉病情,为分析和判定病情提供可靠依据,以利于查明病因及时采取有效治疗措施。

一、诊断方法

(一)询　问

认真向饲养人员询问病貉的发病原因和发病时间,发病前后食欲、粪便等情况,有无异常病状表现,还必须了解饲料的品种和质量,饲料的配制比例和饲料有无变质等现象。

(二)眼　看

通过眼看病貉的体形,对病貉进行全面观察,特别是精神状态、营养情况、食欲、呼吸等状态,进一步深入对局部细致观察,看鼻镜干湿程度、眼结膜、口腔、胸、腰、四肢等有无异常变化。

(三)手　摸

将病貉保定好,用手触摸病貉的患部温度、硬度与疼痛反应、患部内容物的形状等。通过手摸对脓肿、乳房炎、难产等疾病的检查有一定的参考价值。

(四)鼻　闻

通过鼻闻病貉的粪便、尿液和口腔气味等,能察觉到该貉是否健康,如病貉患犬瘟热时,病貉全身散发出难闻的恶臭味。

(五)表　测

将温度计插入貉的肛门内 3～5 分钟后测定体温,乌苏里貉正常体温为 38.6℃～39.6℃,壮年貉和幼龄貉正常体温为 39.8℃,超过正常体温 0.5℃为发热,体温升高多见于各种传染病和全身性感染,局部炎症也会引起发热。

二、识别健康貉与病貉

(一)外形体态

健康貉体况匀称,营养良好,被毛整齐灵活,皮肤润滑富有弹性,按时脱换毛,食欲、活动、体温都正常。病貉体况呈渐进性消瘦,被毛蓬乱无光,皮肤干燥无弹性,呼吸困难,鼻镜干燥,体温不正常,腹泻等症状。

(二)精神状态

健康貉的精神旺盛,双目有神,反应机警,活动敏捷、性情温驯。病貉的精神沉郁,双目无神,反应迟钝,不爱活动或异常兴奋,活动无规律。

(三)食欲状态

健康貉的食量正常,吃得多而快,有饥饿感,不择食。病貉食量少,吃得少而慢,有厌食现象,后期拒食,饮水量多。

(四)粪便状态

健康貉的粪便前端纯圆,后端稍尖,表面圆润,呈圆条状,表面有光泽。病貉粪便色不正,呈淡灰色、黄绿色、煤焦油色。健康貉的尿液淡黄透明,有病貉的尿液淡红色或茶褐色。

(五)可视黏膜状态

健康貉的眼结膜、口腔黏膜、肛门黏膜和阴道黏膜正常时为淡红色。病貉的可视黏膜多发干、肿胀、苍白、潮红、黄染和发绀等症状。

(六)鼻镜状态

健康貉的鼻镜湿润发亮,鼻镜黏膜红润,鼻镜上有透明小水珠,不流鼻液。病貉的鼻镜干燥、无水珠、流鼻液,有臭味。

第四节　治疗原则与给药方法

治疗乌苏里貉疾病的作用,一方面在于提高病貉生理功能,以促进对疾病的抵抗能力;另一方面是抑制或消灭病原体,促进病貉早日恢复健康。

一、治疗原则

第一，先以预防为主，发现病情重点治疗，这是对貉病防治的基本原则。

第二，要经常对全貉群进行仔细观察，每天喂食时是观察貉病的最好时机，可以从貉的精神状态、食欲情况、排泄粪便、尿液等过程中及时发现病情，做到早发现、早诊断、早治疗。

第三，在药物应用上应根据乌苏里貉的生理特点，确诊后，要掌握少而精的原则，尽可能选择使用方便，作用迅速、可靠的药物，以达到良好的治疗效果。

二、给药方法

(一)口服法

对有食欲的病貉，可将药物放在少量动物性饲料中，让药物随食物一起饲食；对无食欲的病貉，可一人捉住病貉头向上提起，一人用长为 40 厘米，直径为 18 毫米的钢管，轻轻插入貉的咽部，药片通过钢管直接进入食管内；也可以用庆大霉素注射液直接注入口中。这几种药对腹泻，初期的肠炎，各种肠道寄生虫病、消化不良等疾病治疗效果明显。

(二)注射法

1. 皮下注射　皮下注射可选择皮肤疏松的部位，如皮下组织丰富而又无大血管的后肢内侧、肩胛、颈部。注射时用 75％酒精或碘酊消毒。无刺激性的药物或皮下吸收迅速的药物应用皮下注射。皮下注射还可应用于补液，但用量一般不超过 120 毫升，分多点注射。

2. 肌内注射　是平时最常用的给药方法，一切不适宜皮下注射，有刺激性的药物或油质性注射液，应采用肌内注射。

注射部位选择肌肉丰富的颈部、臀部、后肢内侧。

3. 静脉输液 静脉输液部位为颈静脉或后肢隐静脉,使用人用 9 号针头即可。补液数量根据病情而定,输液速度应缓慢。此种方法可在特殊情况下使用,一般不作静脉注射。

(三)阴道洗涤法

适用于母貉化脓性阴道炎、母貉产仔后子宫内膜炎的治疗,对恢复病貉的生殖功能有较好的作用。用输液管,插入阴道(或子宫)5~6 厘米处,反复冲洗,排尽液体后,再向阴道(或子宫)内注入适量的抗生素溶液,如氯霉素眼药水等,以促进痊愈。

(四)直肠灌注法

将配好的药液通过肛门直接注入直肠。常用于貉的补液、缓泻。大多使用人用输液管连接在大的玻璃注射器上作灌肠用具。灌注前器具应严格消毒,药液的温度应接近貉体温 38℃~39℃。

(五)外 敷 法

用 3‰氧化氢溶液或强力碘酊反复清洗化脓性伤口,而后将红霉素软膏或土霉素粉等药物涂、撒在患部,使患部迅速消炎止痛,促使伤口快速愈合。

第五节　貉的传疾病

乌苏里貉病毒性传染病有犬瘟热、病毒性肝炎、病毒性胃肠炎、狂犬病等,以上几种传染病发病快,死亡率高,严重影响着养貉业的发展。

一、犬 瘟 热

乌苏里貉犬瘟热病是由犬瘟热病毒所引起的接触性、败血性、急性传染病。该病是以高热侵害貉的中枢神经系统，眼、鼻、消化道以及皮肤炎症等病变为特征的传染病。幼龄貉发病率高于成年貉，犬瘟热是乌苏里貉养殖业中，危害最大的疾病之一。

【病原体】 犬瘟热病毒属于副黏液病毒科，麻疹病毒属(又称麻疹犬瘟热群)存在于各种毛皮动物口、鼻、眼分泌物和排泄的粪尿中，该病毒在 0℃ 以下可保存多年，干燥状态可存活 1 年以上。对热敏感，55℃经 30 分钟可杀死，100℃经 1 分钟后就失去毒力。对普通消毒剂敏感，2%氢氧化钠、3%甲醛溶液，5%生石灰热溶液等，都能迅速将犬瘟热病毒杀死。

【流行病学】 在自然条件下，乌苏里貉最易感染犬瘟热病，实践证明，各种毛皮动物对犬瘟热病毒都可相互感染。乌苏里貉对犬瘟热病毒十分敏感。不同年龄、性别的乌苏里貉对犬瘟热的敏感性也不同，幼龄貉比成年貉发病率高，公貉高于母貉。患病貉或带毒貉是该病的传染源。该病毒可以随病貉的口、鼻、眼分泌物或粪便、尿液中排出，粪便、尿液中带有该病毒。这些分泌物、代谢物可直接传染给其他易感毛皮动物，接触病貉的人和用具都可将该病间接传染给未发病的健康貉，该病没有季节性，一年四季都可发生。一旦发生该病难以扑灭，从而给貉场造成极大的经济损失。

【症 状】 自然感染时，开始症状不太明显，几乎看不到什么症状，只看到病貉精神沉郁，食欲时好时差。随着病情的进展，表现出拒食，有呕吐现象，两眼有泪，不愿活动，卧于笼底。眼睛无神，体温高达 41℃ 以上。持续 2～3 天，鼻镜干燥,眼睛有眼眵,眼结膜潮红,上下眼睑粘连,鼻孔流浆液性、黏性及脓性鼻液,腹泻,带有黏液性血便,甚至出现煤焦油状粪便。后期出现神经症状,痉挛抽搐,呕吐尖叫,口吐白沫等。病貉表现不安,不时用前爪搔扒,嘴巴变粗,嘴周围被毛沾有分泌物和饲料。慢性病貉有脚掌发炎、肿大现象;鼻周围发生溃疡、结痂;出现全身性皮炎,皮毛内存有脱落的皮屑,最后肛门肿胀外翻,全身发出特殊的腥臭味。由于病毒作用,病貉抵抗力下降,各种病原菌可乘虚而入,多以引起并发症而死亡。

【诊　断】　病貉两眼流泪,有眼眵,结膜潮红肿胀,有浆液性分泌物。鼻镜干燥、出现龟裂、鼻孔流出浆性鼻液,后期转为黏液性或脓性鼻液、鼻孔堵塞,呼吸困难,脚掌肿大,皮肤脱屑,有特殊的腥臭味,可做初步诊断。

【治　疗】　应用犬瘟热疫苗进行特异性免疫接种,是预防该病的根本方法,可在每年的 7 月 15 日左右第一次全群接种疫苗,12 月 15 日前后第二次接种疫苗,发生过犬瘟热病的养貉场一定要及时进行犬瘟热疫苗接种,每只成年貉或仔貉都皮下注射犬瘟热疫苗 3 毫升,可以控制犬瘟热复发。

治疗方法:①为了防止并发症,每只病貉应每日早、晚 2 次使用复方正泰霉素注射液 3 毫升或庆大霉素 8 万单位、病毒唑 2 毫升肌内注射。②对初期发病的病貉,也可用高免血清 20 毫升皮下多点注射,结合使用免疫球蛋白、干扰素和转移因子,每日 2 次,连续肌内注射 5~7 天,再用正常剂量高免血清 10 毫升,恩诺沙星注射液 2 毫升,连续肌内注射 7 天。③用中药净麻黄 30 克,光杏仁 60 克,生甘草 30 克,生石膏 100 克,玄参 90 克,桔梗 50 克,生地黄 90 克,加水 1 500 毫升煎后去渣,将药汁拌入饲料中可供 60 只小型貉群的防治。④对该病有效的办法是用犬瘟热疫苗或人用麻疹疫苗对健康貉进行紧急预防接种,可以很快切断传染源,控制该病的流行。

　　【预　防】　对发生犬瘟热病的貉场应立即封锁,隔离病貉和可疑病貉,专人饲养管理,全貉场用 0.5％病毒净溶液彻底消毒。饲料中加大新鲜的鱼、奶的给量,增强貉群的抗病毒能力。貉场在半年内禁止将种貉调出场外,病貉年底一律淘汰取皮,貉场彻底消毒后,再重新引进已接种犬瘟热疫苗的貉做种用。

二、貉病毒性肝炎

　　近年来,随着养貉业的快速发展,乌苏里貉患病毒性肝炎有增多趋势,特别是母貉,发病后造成大批量母貉空怀或流产,死亡率高,一旦发病引起全群暴发性流行,难以控制,严重影响着乌苏里貉的繁殖与发展,应引起广大养殖户的高度重视。

　　【病　因】　病毒性肝炎是由多种肝炎的病毒所引起的传染病。病毒性肝炎发生的主要原因是肝脏细胞变性,因肝细胞肿胀及胆囊总汇管被发炎细胞侵蚀后,形成水肿,使胆汁排泄受阻,造成梗阻性黄疸性肝炎,由于病貉携带病毒并不断地排泄病毒,而大多数貉场都采用密集饲养,貉笼之间相隔距离较近,极易相互传染。

　　【症　状】　病貉发病初期体温升高至 41℃以上,病貉食欲下降或拒食,不爱活动,消化不良,饮水增多。整天蜷缩在貉笼的一角,后期体温正常,食欲时好时差,巩膜与皮肤呈蜡黄色,病貉多突然死亡。解剖发现,肝脏呈淤泥色,胆囊肿大,充满黄色的胆汁,胸腔内有黄色液体,肝、肾部都肿大,呈淤血性充血,整个皮板及皮下脂肪呈蜡黄色。

　　【治　疗】　①用庆大霉素 8 万单位、维生素 B_{12} 2 毫升,每日 2 次肌内注射,同时,用茵陈黄疸冲剂,调拌在精饲料中内服。②用猪苓多糖注射液 2 毫升,每日 1 次肌内注射,同时每天在饲料中拌入维生素 E 油剂 2 丸,叶酸 2 片,每日 2 次,效果都良好。

【预　防】　在日常饲养中严禁饲喂变质的冷冻脂肪性高的动物性饲料,经常打扫场内卫生,定期用生石灰粉对地面进行消毒,用来苏儿水清洗食盒、笼箱。怀疑病貉应立即隔离后,用维生素 E、叶酸、磺胺类药物、抗生素及病毒灵等药物控制病情,防止并发症,对健康貉可用甲醛灭活性疫苗进行接种,对患过病毒性肝炎的病貉,治愈后,到取皮期,一律淘汰,不能留做种用,防止来年复发。

三、貉病毒性胃肠炎

乌苏里貉病毒性肠炎,是以肠黏膜发生出血和坏死性变化及急剧下痢、白细胞高度减少为特征的病毒性传染病。该病发病急,传播快,流行广,仔貉断奶后发病率和死亡率最高。该病在全国各地貉场和养貉户的貉群中广泛流行,是对养貉业危害很大的疾病之一。

【病原体】　引起乌苏里貉病毒性肠炎的病毒是细小病毒,该病毒广泛存在于病貉的血液、内脏及分泌物、排泄物中,具有很强的致病力。该病毒对一般消毒药品有较强的抵抗力。对漂白粉、甲醛及过氧化氢溶液较敏感。对温度的反应是:在 56℃条件下 30 分钟仍保持其感染能力,当温度达到 80℃ 30 分钟后才能降低其感染力。该病毒对外界环境有较强抵抗力,在自然条件下,污染物中的这种病毒的感染力可以保持半年以上。

【流行病学】　病貉是该病的主要传染源,带毒病貉通过排泄的粪便、尿液和呕吐物传播,直接或间接传染。病貂在发热期和症状明显期不断向外界排毒,通过饲料、饮水饮食用具传染给其他健康貂。配种期,健康貂直接接触病貂,更易造成传染。带毒病貂为疾病的潜在传染源,貂群中一旦发生该病,难以彻底消除,应视为"隐患"。

该病无明显的季节性,全年均可发生,但以 7～10 月份为暴发流行期。幼龄貂发病率高于成年貂,在一些发生该病的貂场若防治不当,可连续几年发生,呈地方性流行。死亡率达 60%～80%。

【症 状】 该病感染潜伏期为 6～10 天。病程一般为 15～25 天,初期症状,食欲减退,精神沉郁,不愿活动,体温升高至 41℃～41.5℃。食欲减少,饮欲增多,两眼无神,行动缓慢。初期眼角有少量浆液性分泌物,后变为灰白色,眼周皮肤肿胀,粪便稀,呈黄色,进而为水样稀便,灰绿色并有恶臭气味。粪中有黏液和脱落黏膜。后期粪便以脓性带血,呈粉红色,貂消瘦衰竭,被毛蓬乱,脱水严重,肛门失禁,此时体温下降,卧笼不起,麻痹或痉挛而死亡。死前常见腹部鼓胀,口鼻流淡红色血水。

【诊 断】 依据流行病学、临床症状和剖检变化可做出初步诊断。高热、顽固性腹泻、血样粪便,仔貂发病率高于成年貂,应用抗生素和磺胺类药物治疗无效,这些是诊断该病的重要依据,如需确诊须经化验室取样检查。

【治 疗】 该病流行过程中常相互感染,故应用抗生素防止并发症。轻者用庆大霉素 8 万单位,每日 2 次,同时在饲料中拌入氯霉素粉,每只 0.2 克,喂 5～6 天,间隔 7 天。重者可用高免血清 20 毫升,复方恩诺沙星注射液 3 毫升,每日 2 次连续注射 4～6 天,病情有明显好转后,每日再用土霉素粉

0.25 克维持治疗。也可同时用中药大青叶、黄芪、白芍、黄连各 100 克,木香、甘草各 50 克,大枣 250 克,加水 1 500 毫升煎后去渣,将药汁拌入精饲料中饲喂,可防治 50～60 只病貉,疗效较好。

【预　防】　①接种病毒性肠炎疫苗,每年在准备配种期的 12 月份及仔貉分窝后的 7 月份,每次以皮下注射 2～3 毫升,可有效预防其病毒性肠炎发生。②改进饲料配方,给予新鲜和易消化的、适口性好的动物性饲料,以促进食欲,增强体质,提高貉体对疾病的抵抗力。

四、貉狂犬病

貉狂犬病又名恐水症,是由神经性病毒引起的人、畜共患的急性传染病。该病特征是病貉出现神经性兴奋和意识功能紊乱。主要表现扑咬人或攻击邻笼的貉并且有自咬表现,后期麻痹死亡。狂犬病是对人、畜危害极大的疾病之一。

【病原体】　狂犬病毒,主要存在于动物的中枢神经组织、唾液腺和唾液内。狂犬病毒耐低温,对热敏感,60℃经 5 分钟可杀死,100℃经 2 分钟杀死,对消毒剂敏感。

【流行病学】　在自然状态下,传染源主要是患病犬和带毒犬,貉因被患病犬或带毒的病犬咬伤而引起。在笼养条件下的乌苏里貉很少发生狂犬病,极少数病貉多半由窜入场内的病犬或有病动物咬伤笼内的家养貉而引起散发流行的。

【症　状】　潜伏期一般为 10～30 天,转归死亡,病程多为 3～6 天,主要决定于咬伤部位和毒力。乌苏里貉发病时主要表现为拒食,常发生流涎和呕吐,精神沉郁,对外界刺激反应敏感。前期:行动反常、反应敏感、食欲不振,扑咬人或攻击邻笼内的貉,扒咬笼网,视力正常,眼球灵活、精神出现短期沉郁,不流涎、体温正常。狂躁期:狂暴不安,急走于笼中,啃咬物体久而不放。后期:为瘫痪期,站立不稳,后肢麻痹,瞳孔散大,意识丧失,倒在笼内,死前体温下降,流涎,舌露于口外。

【诊　断】　高度兴奋、食欲反常、后肢麻痹、胃内存有异物;咨询当地有无狂犬病流行,可取样送化验室化验后才能确诊。

【治　疗】　被病貉咬伤后,先用肥皂水清洗伤口,快速挤出带毒的血液。再用中药细辛、防风、川乌、草乌、川黄连、白芷、苍术各 30 克,雄黄 12 克,将中药磨成细末后,用温白酒调敷伤处,用绷带包扎好,早、晚各换药 1 次。能有效促进被狂犬病貉及其他毛皮动物咬伤的伤口愈合。

【预　防】　貉场一旦有个别貉发生狂犬病,要立即进行封锁,应将病貉处死,以防病貉窜出笼外咬伤人。已处死的病貉尸体要焚烧深埋处理。严禁外人参观,及时上报疫情。被病貉咬伤貉要及时用狂犬病疫苗进行接种,或尽快注射狂犬病免疫血清紧急预防。注意人身安全,防止咬伤。貉场应每年对种貉进行 1 次狂犬病疫苗接种,以防狂犬病的发生。

第六节　貉细菌性传染病

　　乌苏里貉细菌性传染病,有巴氏杆菌病、大肠杆菌病、秃毛癣、自咬病等。以上几种细菌性传染病,如治疗不及时,也会给养貉者造成一定的损失。

一、巴氏杆菌病

　　乌苏里貉的巴氏杆菌病是由多杀性巴氏杆菌引起的以败血症及内脏器官出血性炎症为特征的急性细菌性传染病。该病广泛在全国各地流行。

【病原体】 乌苏里貂巴氏杆菌病是由多杀性巴氏杆菌引起的急性败血性传染病。该菌抵抗力不强，各种消毒剂能很快杀死病菌，3％来苏儿，1％漂白粉溶液经 3～10 分钟即能杀死，达到消毒目的。

【流行病学】 所有毛皮动物对巴氏杆菌均易感染，幼龄貂易感性比成年貂高。乌苏里貂食入带有巴氏杆菌病的各种动物性饲料及其副产品，即可患本病，痊愈的病貂也是巴氏杆菌的带菌者，传染途径可通过消化道、呼吸道及受伤的皮肤。该病发病突然，无明显季性，春、秋季节发病率较高。

【症　状】 发病突然，精神沉郁、食欲减退、呕吐下泻、体温升高、鼻镜干燥、呼吸困难、气喘、饮水增多、便稀、混有黏液或血液，可视黏膜黄染，体质消瘦，有的貂出现神经症状，常呈痉挛性抽搐而死亡。

【诊　断】 依据流行病学，根据临床症状，剖检变化提出对该病的怀疑，必须取样通过化验室检验才能确诊。

【治　疗】 改善饲养管理，排除可疑饲料。供给易消化新鲜的动物性饲料。巴氏杆菌对青霉素敏感，坚持治疗，效果良好。对有病的或可疑的病貂，可用甲磺酸达氟沙星注射液 3 毫升或复方恩诺沙星注射液 2～3 毫升，每日 1 次肌内注射，坚持 5～7 日治疗，能有效控制病情的发展。对病貂进行治疗的同时，全群投喂苯丙醇胺（PPA）每日 2 次，每次 1 片进行药物防治。

【预　防】 貂场布局要合理，要注意环境卫生和各种用具卫生，各种毛皮动物不得混养，以防相互感染。预防该病的主要措施是：每年定期注射巴氏杆菌疫苗，将死鸡、毛蛋高温杀菌后再用来喂貂，能达到预防该病的效果。

二、大肠杆菌病

乌苏里貂大肠杆菌病是刚分窝的幼龄貂,由于大肠杆菌感染而引起的一种肠道传染病,常呈败血性经过,伴有顽固性腹泻,病菌进入貂体后,侵害呼吸器官或中枢神经系统。成年母貂患该病,常引起流产和死胎。是对幼龄貂危害较大的细菌性传染病之一。

【病原体】 是大肠杆菌。血传型大肠杆菌对貂有致病性。本菌在形态上与人、畜大肠杆菌病原体相同。大肠杆菌抵抗力不强,在一般消毒溶液中几分钟即被杀死。60℃热水中经过 30 分钟被杀死。

【流行病学】 成年貂极少发病,新生仔貂易感染,并伴有严重的腹泻和败血症。病貂和带菌貂是大肠杆菌病的主要传染源。被污染的食料、饮水及用具,同样是其病发生的因素。营养不全价,蛋白质偏低,产箱不清洁,保温性差,气候不正常,是该病发生的诱因。若因经常饲喂患大肠杆菌病的畜禽肉及副产品而发生该病,常呈暴发性经过。

【症 状】 潜伏期为 1～3 天。患貂表现不安,不断尖叫,食欲降低,被毛蓬乱,肛门污染。腹泻,排黄绿色或伴有未消化饲料、含有气泡的稀便,严重者粪便带血呈水样。2～3天后病貂精神沉郁,痉挛衰竭,肛门失禁,尿色深而浓。病程稍长者表现消瘦贫血,脱水衰竭,毛色无光,头大颈细、腹部发胀,若饲养管理不善死亡率可达 20％～70％。妊娠母貂患此病时,易发生流产和死胎。

【治 疗】 发现病情后,应及时治疗,合理用药,先采用中药白头翁、白芍、黄芩、鲜贯众、鲜茉莉花各 150 克,加水5 000毫升,煎后去渣,将药汁拌入调好的饲料中饲喂,每日服

2次,一般服药后2天病情能有效控制。选用氟苯尼考或氟哌酸每日2次,每次2片及磺胺脒每日2次,每次2片,复方恩诺沙星注射液每日2次,每次2~3毫升肌内注射,都有很好的疗效。值得注意的是平时饲养时,应采取以全群性预防为主,个别病貉重点治疗的方法,方能收到良好效果。

【预　防】　加强饲养管理,搞好卫生,供给营养丰富的全价优质饲料,并注意饲料和饮水的卫生,提高貉的抗病能力。

加强妊娠期和泌乳期饲养,注意多汁饲料补给,以确保胎貉和仔貉的健康发育,仔貉出生后获得充足、良好的乳汁,以满足仔貉的生理需要。7月份全群注射大肠杆菌疫苗,能收到良好预防效果。用法、用量参照疫苗说明书。

为防止传入新的大肠杆菌,应对新购进种貉搞好消毒检疫工作。定期饲喂土霉素粉,氟哌酸粉以及0.1%高锰酸钾溶液让仔貉自饮,达到预防目的。

三、乌苏里貉大爪病的防治

貉大爪病是一种地方性流行疾病,此病貉多发。

【病　因】　大爪病是由金黄色葡萄球菌感染所致的足垫炎。皮外伤性炎症。是因笼网不洁、地面潮湿,食盒、食碗饲后没有及时清除残余食物,粪尿对四肢的腐蚀,而发生真菌感染的足垫炎。

【症　状】　病貉足垫部皮肤增厚、干燥。触诊足垫部皮肤发白变硬,个别的趾间有裂口和炎性分泌物。病貉不愿活动,在笼内行走步态比较拘谨,不敢负重。一般没有全身症状。重者食欲下降、消瘦。由于不愿运动掌部磨损少,所以有的表现爪甲比较长,即所谓大脚趾病。

【治　疗】　局部检查,创面用土烟叶200克加水2 000

毫升,熬水去渣后,将貉的四肢站在溶液中反复清洗,清理干净,涂擦 5% 碘酊,如果有全身症状,可以对症治疗,抗菌消炎。要查清原因,如果是细菌性足垫炎,应常用 5% 浓碘酊涂擦几次就可以治愈。如果是足螨可用通灭或获害灭治疗,未成年貉每只 0.2~0.3 毫升、成年貉每只 0.3~0.5 毫升足垫部皮下注射,足掌部再涂以 10% 浓碘酊。如果是金黄色葡萄球菌感染,可用灰黄霉素每日 2 次,每次 1 片,连用 20 天就可以治好大爪病。

此外,对病貉和发病群体要用复合维生素 B、维生素 B_{12},每日 2 次,每次 1 片进行辅助治疗。

【预　防】　要加强对笼具的管理,特别是笼具底部要平整、完好无损,及时除掉笼具内的积粪和异物,食盒、食碗要及时撤除,清洗干净。

四、秃毛癣病

乌苏里貉秃毛癣病是由皮肤霉菌类真菌引起的皮肤性顽固性传染病。该病相互传播快,破坏毛皮质量,造成商品貉皮价值下降。

【病原体】　貉易感染的真菌主要有 2 属,即发癣菌属与小孢子菌属。这两种皮肤真菌主要寄生在皮肤和被毛上。乌苏里貉与貉子对秃毛癣均易感染。主要传染源为患秃毛癣病的饲养员及病貉,也可能将病原体传染给其他健康貉。老鼠和吸血昆虫也能将病原体传染给貉。该病多发生于夏、秋季。直射阳光下几小时真菌丧失致病作用,2%~3% 甲醛溶液经 20~30 分钟可杀死皮下霉菌类真菌。

【症　状】　潜伏期为 10~20 天。患貉在头颈、四肢皮肤上出现浅红色,灰色近圆形斑块,大小似核桃。上面无毛,或有少许折断的被毛,覆盖以鳞片状或麸皮样外壳,裸露出充血的皮肤,压迫时,从毛囊中流出脓样物,干涸后形成痂皮。若不及时治疗,可在病貉背、腹两侧形成大小不等的秃毛区。

【治　疗】　先用烟叶 200 克熬水去渣反复清洗患处,而后用 5‰碘酊或达科宁软膏,反复涂擦患部及周围健康部位,每日 2 次,涂 10~15 天便可治愈。或用中成药土槿皮酊药液反复擦洗患部,除掉外壳,而后在患部涂上皮炎平软膏,隔 1 日治疗 1 次,直至痊愈为止。

除局部治疗方法外,内服灰黄霉素,每日 2 次,每次 1 片,连续服药 30~40 天,直至治愈为止。患有秃毛癣病的貉一般不留做种貉,防止翌年相互传染。

【预　防】　貉场不要将幼龄貉长期放在阴暗潮湿的地方,要让每只貉都能见到阳光。经常使用消毒灭菌喷灯对笼子、产仔箱及地面彻底灭菌,就能有效防治貉秃毛癣病的发生。

五、貉自咬病

乌苏里貉自咬病是一种慢性疾病。呈阵发性兴奋,发病时貉常咬自体某一部位(多数咬尾巴和后肢等部位),自咬程度剧烈时,皮张易造成损伤,严重降低毛皮的商品价值。

【病　因】　主要原因是母貉产仔时正值天气闷热的高温季节,母貉产仔后各部位关节松弛,体质未来得及恢复,又进入哺乳高峰期,产仔母貉体质较弱,把全部精力集中在仔貉育成上,仔貉生长 50 天时,开始分窝,突然母仔分离,造成母仔亲情上受到刺激而引发自咬病。有时因环境改变、饲料改变也会引起貉自咬病的发生。母貉哺乳分窝期间易发病,仔貉分窝后,刚开始独立生活发病率较高。

【症　状】　患自咬病的貉疼痛不安,反复发作,常在笼底反复旋转,咬自体尾根部位,并发出刺耳尖叫,损坏皮肤的完整性,重者咬掉尾巴尖、撕破肌肉,皮肤被咬部位流出鲜血。病貉对外界刺激敏感,常因外界刺激而引起兴奋发作。慢性病例多为良性经过,兴奋时间不规则,病貉兴奋间隔长短与天气变化有关。

【治　疗】　目前尚无特效疗法,国内外生物学家及养貉场工作人员都曾试用许多药物对该病进行治疗,但效果不尽如人意。可根据实际情况采用以下方法治疗:

先拔去病貉犬牙,用 4 个直径 8 厘米的泡沫漂子串到一起,套在病貉脖子上,使病貉无法回头咬到自身。用过氧化氢溶液或强力碘酊反复清洗患部后,涂上红霉素软膏,用氨苄青霉素 0.5 克、维生素 B_1 2 毫升每日 1 次肌内注射,连续 7 天为1 个疗程,效果较好。

【预　防】　由于自咬病是由各种应激因素引起的,其潜伏期的长短不一,发病的时间也竟不相同,该病多发生于仔貉60 日龄分窝后。因此,仔貉生长到 45 日龄时,应及时撤除产仔箱,将母貉与仔貉一起移到通风向阳的大笼内饲养一段时间再分窝。平时饲料中营养要全面,配方要合理,经常在饲料中按每只貉加入维生素 E 20 毫克、维生素 B_1 10 毫克与少量芝麻,可避免自咬病发生。凡有自咬的病貉,到取皮期一律取皮,不能留做种貉,种貉在配种期绝不能近亲交配,这样才能有效地避免自咬病的发生。现在许多养貉场内已根除了自咬病。

第七节　貉寄生虫病

乌苏里貉的体内寄生虫疾病主要有蛔虫和绦虫。体外寄生虫疾病主要有疥螨、蚤和虱等。各种寄生虫病治疗不及时，也会造成批量乌苏里貉死亡或皮毛质量下降。所以，养貉场应重视对各种寄生虫的防治。

一、蛔虫病

幼龄貉蛔虫病是蛔虫寄生在幼貉肠内所引起的，35日龄幼貉最易感染蛔虫病。蛔虫病主要危害幼龄貉身体健康，阻碍幼龄貉生长发育，发现晚、治疗不及时死亡率高，幼龄貉蛔虫病在全国各地养貉场中普遍发生。

【病原体】 仔貉在受蛔虫卵污染的母貉腹部吸奶时，从口中带入肠内，蛔虫卵在小肠内生长发育为成虫，寄生在肠道内并产卵，刺激小肠黏液腺，分泌毒素。蛔虫多聚集成团，堵塞肠道，有时钻入胆管内。

【症　状】 幼龄貉受感染时，腹部膨大，体形瘦弱，食欲降低，发育不良，蛔虫多可阻塞肠道，造成肠梗阻，有的幼龄貉因吸收了蛔虫产生的毒素而发生中毒，出现痉挛抽搐，口吐白沫等现象。从幼龄貉的粪便中查出蛔虫卵或虫体后可确诊。

【治　疗】 可用中药藿香150克，乌梅200克，黄连50克，川楝子60克，白矾10克，加水2 000毫升，煎后去渣，药汁搅拌饲料中，供100只幼龄貉驱杀蛔虫。驱蛔灵，10毫克/千克体重1次拌入饲料中，可驱除幼龄貉体内未成熟的蛔虫。

也可用盐酸左旋咪唑每次每只25毫克，早、晚2次饲喂，驱蛔虫安全可靠有特效。

【预　防】 将用作饲料的各种青菜洗净。对病貉的粪便、虫体应及时清理，笼具要经常消毒，每年母貉配种前，与幼龄貉生长到40日龄时，都要及时进行驱虫，防止仔貉相互舔食带蛔虫卵的粪便而相互传播，能有效地防止蛔虫病的发生。

二、绦 虫 病

寄生于乌苏里貉体内的绦虫呈扁平带状,是由许多节片组成的寄生虫。它主要寄生在乌苏里貉的小肠里,靠吸取小肠内营养物质生长,虫体由一个个节片连接组成的,每个节片上有 2 个透明点,头部有吸盘,牢固地吸在肠黏膜上。绦虫卵随粪便排出体外。常见扁平带状绦虫。

【病　因】　绦虫病是由于乌苏里貉吃了被绦虫感染的各种淡水杂鱼、畜、禽下杂等动物性饲料而引起的。

【症　状】　病初食欲增强,呈渐进性身体消瘦,生长停滞,中后期经常排出含有带状节片的白色绦虫卵,严重时有呕吐、贫血、腹泻等症状。当侵害神经中枢后,常发生抽搐和惊厥。在粪便中发现绦虫的虫体或节片就可以确诊。

【治　疗】　用药前首先停食 12 小时,然后用中药槟榔120 克,炒熟南瓜籽 60 克,雷丸 15 克,桃仁 15 克,使君子 15克,捣碎搅拌在少量的精饲料中饲喂,可供 10 只成年貉驱绦虫。或服用丙硫苯咪唑,每千克体重用药 5~10 毫克,灭绦灵每千克体重用药 30 毫克,效果都良好。

【预　防】　每年 7 月份、12 月份 2 次定期进行驱虫,防止场外各种毛皮动物进入貉场。饲喂各种淡水杂鱼及畜、禽下杂一定要熟制后再喂,这样能有效防止乌苏里貉绦虫病的发生。

三、螨 虫 病

乌苏里貉的螨虫病又称疥癣,多发生在乌苏里貉的口、鼻、眼、耳的周围、尾巴及腹部,主要侵害貉的皮肤,使皮肤剧痒、发炎、脱毛、直至局部溃烂、损坏皮张。螨虫病是严重危害乌苏里貉生长与繁殖的寄生虫病。

【病原体】 螨虫成呈椭圆形,背部隆起,乳白色,雌虫体较大,雄虫体较小,腭部短小。位于前端的螯肢呈钳状,尖端有齿。躯体背部后有刚毛,腹部光滑,腿4对短粗、圆锥状。患螨虫病的貉或带有螨虫的各种毛皮动物是传染源,直接或间接都可传染。貉场潮湿,密集饲养,卫生条件差也会引起疥螨病的发生。

【症 状】 病貉表现剧痒,烦躁不安,皮肤发炎,脱毛,严重时局部溃烂,患貉经常用躯体在笼网上摩擦蹭痒,时常用后爪搔患处,造成患处皮肤损伤,有灰白色皮屑脱落,头部、四肢、腹部、尾根部有明显结痂。

【治 疗】 发现螨虫病后,先用樱桃1 000克泡白酒2 000毫升,炮制10天后,用药酒反复搓洗患处,能有效杀死皮下螨虫。也可用鲜楝树根皮500克加水5 000毫升,煎后去皮,凉后将幼龄貉放药水入反复清洗10分钟,也能有效杀死螨虫,可供50~60只幼龄貉药浴。或用2‰敌百虫溶液反复清洗患处,而后用硫黄软膏涂于患处,用药10日后患处痂皮开始脱落,并长出新毛,食量明显增加,体质恢复正常,能有效根除螨虫病。用大连赛姆生物工程技术有限公司生产的兽用"伊维菌素"预混剂15克,搅拌在饲料中,每日喂1次,连续喂3日,可供成年貉30只,未成年貉60只,驱除貉体内外各种寄生虫,效果十分明显,用药后无毒副作用。

【预 防】 对病貉应隔离饲养,要经常对貉场进行彻底清理消毒,禁止外界各种毛皮动物进入貉场内。当貉患皮肤病时,要立即用显微镜检查,以便确诊有无螨虫的存在。对患有螨虫病貉要早发现、早隔离、早治疗,降低发病率。

151

四、球虫病

由于球虫寄生于貉小肠和大肠黏膜上皮细胞内而引起，临床上主要表现为肠炎。

【症　状】　一般于严重感染后的 3～6 天，开始出现水样腹泻或排出泥状粪便，或带有黏液的血便。患貉轻度发热，精神沉郁，被毛无光泽，消化不良，便血，进行性消瘦，最终因衰竭而死亡。如果病貉抵抗力较强，一般在感染 3 周以后临床症状可逐渐消失，自行康复。老龄貉一般抵抗力较强，常呈慢性经过。

【诊　断】　球虫病的诊断可用饱和盐水浮集法检查粪便中有无卵囊的形态、特征、数量以及患病貉的临床症状（肠炎、进行性消瘦）和流行病学资料进行综合判定。必要时可结合剖检进行诊断。

【治　疗】　用鲜楝树根皮 1 000 克加水 5 000 毫升，煎后去皮，药汁加饲料中饲喂能治疗幼龄貉 100 只。磺胺类药物是有效的治疗药物，复方敌菌净、球虫灵、磺胺-6-甲氧嘧啶等，首次用药量为每千克体重 50～100 毫克，以后每 12 小时投药 1 次，剂量减半。此外，应注意改善饲养管理和增强机体抗病能力。

五、虱

乌苏里貉虱属于昆虫纲、虱目。虱体形小、扁平、无翅、呈黄白色或灰白色，是以貉毛、表皮、鳞片为食的寄生虫。

【症　状】　虱长期寄生在乌苏里貉的被毛中和耳朵里，影响貉的生长发育。特别是幼龄貉，由于受虱的侵袭，使幼龄貉奇痒不安，常用爪搔抓被侵害的部位使皮毛损伤，影响皮张质量,使皮张降价。

【治　疗】　可用家中使用的除虫菊酯杀虫剂喷洒在貉体上,能有效杀死虱病,并能根除。使用 25％敌杀死乳油按 250倍液喷洒在虫体寄生部位,1 小时内可使虫体全部致死。冬季用 20％蝇毒磷粉 25 克,加白陶土 975 克配制成药粉,装入纱布袋中,往貉全身毛绒中少量喷洒,10 天后再喷 1 次,能全部消灭虱。

【预　防】　把貉笼放在地面干燥的地方,让每一只貉每天都能见到阳光,并经常在貉笼下面洒适量的生石灰粉,也能防止虱病的发生。

第八节　貉泌尿生殖系统病

一、乳房炎

乌苏里貉乳房炎是指母貉在泌乳期间的乳房单个或多个乳头发炎过程,分为急性、慢性及囊泡性乳房炎。

【病　因】　乳房炎由乳腺感染而发生。主要原因是母貉泌乳不足,同窝仔貉多,互相争乳致使咬伤乳头使乳头部位受到感染引起乳房炎;母貉泌乳多,仔貉少,吃不完,使乳汁积存在乳房内,也会造成乳房炎。

【症　状】　母貉在笼内来回徘徊不进产箱,拒绝给仔貉哺乳,食欲逐渐减退,乳房肿胀、硬结,而后感染化脓,有时破溃,流出红黄色脓汁。由于母貉拒绝哺乳仔貉,而引起仔貉生长停滞、体质消瘦。根据母貉表现,乳房明显肿胀发炎,结合局部检查而确诊。

【治　疗】　氨苄青霉素 0.5 克,用 0.25％普鲁卡因溶液稀释,在乳房周围分点注射,每日2次,并在饲料中加入土霉素粉0.25克,可止痛消炎。如已化脓可切开患部排脓,用过氧化氢溶液或强力碘酊药水洗患部,而后涂上红霉素软膏。

对食欲差的母貉可用10%葡萄糖溶液20~40毫升拌入饲料中饲喂,并每次用氨苄青霉素0.5克,维生素C注射液1~2毫升肌内注射,每日2次。可将未分窝的仔貉取出,另找母貉代养或暂时人工饲养。

【预　防】　母貉在产仔前体况不能过胖,产仔期要加强饲养管理,不能随便更改饲料种类,多喂蔬菜,经常查看产仔母貉乳房部位及仔貉生长发育情况,发现乳房有异常变化,应及时给予治疗。

二、化脓性子宫内膜炎

貉化脓性子宫内膜炎是养貉场内常见病之一,不仅造成母貉繁殖能力下降,治疗不及时还会造成母貉死亡。

【病　图】　母貉在交配过程中,由阴道带进异物或感染病原菌而致病,特别是交配次数较多的母貉,感染的机会大。近年来,在全国各地一些大型养貉场中时有发生,影响母貉繁殖,给养貉场造成较大损失。

【症　状】　本病对成年或青年种貉均有感染,多发生在交配后的7~15天。母貉表现食欲减退或不食,精神不振,外阴部流出少量脓性分泌物。严重时,流出大量带有脓血的黄褐色分泌物,并污染外阴部周围的被毛。患貉精神沉郁,体温升高,常卧于笼网一角。如不及时治疗,常因子宫内膜炎而引起脓毒败血症,死亡率较高。

【治　疗】　及早发现,每次每只青霉素80万单位,或复方恩诺沙星注射液2毫升,每日2次,肌内注射,效果较好。

对于重病貉,可先用溶液或洁尔阴溶液反复清洗子宫,再用氨苄青霉素 0.5 克、地塞米松 2 毫升直接注入子宫内(注射器去掉针头),效果更好。

【预 防】 预防化脓性子宫内膜炎要加强貉场的卫生管理,配种前要对笼舍用喷灯火焰消毒 1 次,对种公貉的包皮及母貉的外阴部,最好用 0.1% 高锰酸钾溶液或洁尔阴溶彻底清洗 1 次,以消除感染源。

三、流 产

母貉流产即妊娠中断,随后胚胎完全或部分消散,或从阴道内流出死貉或早产胎貉,流产是母貉产仔前期的常见病,常给养貉场带来严重经济损失。

【病 因】 引起母貉流产的原因很多,如食物中毒、饲料品种突然改变、配方不合理、外界环境不安静、各种传染性疾病、各种寄生虫病等,都能引起母貉流产。对笼养貉来说,主要原因是饲养管理不当,如饲料变质,缺乏某种维生素或矿物质等,也能引起母貉流产。

【症 状】 初期流产一般无明显症状,在妊娠初期,部分或全部死胎被母貉体内吸收,会引起子宫内膜炎,中、后期流产在笼底下可看到鲜红色血液,阴部不干净,有臭味,体温升高。有时母貉隐流产,胎儿妊娠中断后被母体吸收,只见母貉腹部逐渐缩小,无任何症状。根据母貉阴部流出血迹和死胎貉,即可做出诊断。

【治 疗】 对已经流产的母貉可用青霉素、链霉素等抗生素肌内注射,食欲不好的,注射复合维生素 B 或维生素 B_1 注射液,肌内注射 1～2 毫升。如患子宫内膜炎,可用露它净溶液或洁尔阴溶液反复冲洗子宫,冲洗之后根据情况向子宫内注入氯霉素眼药水,或者直接用青霉素 80 万单位混合地塞米松 4 毫升注入子宫内。对发生过流产的母貉,到取皮期一律取皮,不能再留做种貉用。

【预　防】　将受胎母貉放在安静地方,不能让狗或猪进入养貉场内,防止孕貉受惊,饲料配方要多样化,不能饲喂变质的动物性饲料,经常在饲料中加入维生素 E,能预防流产的发生。

四、难　产

难产是指在无辅助分娩的情况下,分娩过程中发生困难,无力将胎貉顺利产出体外。在人工饲养条件下,母貉体况过肥的难产较多,难产是在母貉繁殖期才发生的产科疾病。

【病　因】　貉妊娠期食入变质饲料,导致中毒,胎貉死亡而难产;母貉体况过胖,子宫收缩力弱;初产母貉骨盆开张不足产道狭小,子宫颈挛缩;子宫、产道炎症,胎貉过大、死胎、畸形或胎势和胎位不正常等,都会造成母貉难产。

【症　状】　多数难产母貉都超出预产期,表现烦躁不安,发出痛苦的鸣叫声。来回在产仔箱与笼内奔走,努责、排便等分娩表现。有时从阴道流出褐红色血污,病貉不断舔外阴部等表现;有时胎貉刚露出阴门,被夹在产道内,这时难产母貉衰竭,子宫阵缩无力,往往钻进产箱内蜷缩不动,造成死亡。根据母貉临产时表现即可确诊。

【治　疗】　对已露出胎貉的可人工催产。未见胎貉后,但确认子宫颈已开,可进行药物催产。肌内注射脑垂体后叶激素注射液 0.5～1 毫升或肌内注射 0.1％麦角注射液 1 毫升。经 2～3 小时后仍不产时,可进行人工助产。先用消毒药液消毒外阴部,之后以甘油作阴道内润滑剂,人工将胎貉拉出。如果催产和助产无效，且种貉与貉皮市场价格较高时，应立即请兽医进行剖宫产手术，抢救母貉与胎貉的生命。

【术后护理】　手术后将母貉放在温暖、清洁、安静的笼舍内，并喂给少量全价饲料、肌内注射青霉素 80 万单位，每日 2 次。对食欲不好的母貉，可肌内注射维生素 B_1 注射液 2 毫升。对产后流血的，可肌注麦角注射液，每次 1 毫升，每隔 4～6 小时注射 1 次，不仅可止住子宫流血，并能加速子宫恢复。伤口处应经常涂擦 4% 的碘酊，以防感染。

【预　防】　平时对留种貉不能饲喂得肥，母貉要体形均匀，中等膘情的母貉留种最好，可预防母貉难产的发生。

五、母貉产后缺奶

母貉产后少奶或无奶，是目前母貉繁殖期经常发生的疾病，给养殖者造成一定的经济损失。由于母貉产后无奶或少奶，新生仔貉吃不上奶，逐渐衰竭而死。

【病　因】　主要是妊娠期饲养管理不当，造成初产和老龄母貉营养缺乏（不良）或过剩（体况太胖），个别的是与遗传因素、激素分泌紊乱、隐性乳腺炎等有关；新养殖户和饲料匮乏地区饲料不规范，不按标准饲喂，缺乏必要的蛋白质和脂肪，造成少奶或无奶。

【治　疗】　改善饲养管理，在饲料中添加促进泌乳的鲜猪蹄、中药王不留通草熬制的猪蹄汤，4 小时后产仔母貉就能分泌乳汁。给母貉肌内注射催产素（垂体后叶素），剂量：每次 2 毫克，一般注射后即见效，个别的隔 2～3 日再注射 1 次，如果混合地塞米松使用效果更明显。此外，体况偏瘦的母貉可口服中药通乳散，效果也很好。

【预　防】　搞好妊娠期的饲料供给，来路不明和没有使用过的饲料不要用来喂母貉,一旦出现不良后果,则无法挽救。此外,在繁殖期要饲喂新鲜的动物性饲料,妊娠期间为母貉供给少量奶类饲料,但不能把妊娠母貉饲喂得过肥,妊娠期母貉过肥容易造成母貉难产与母貉将发育不全胎貉内吸收、不产仔。

六、母貉哺乳后期瘫痪症

母貉在哺乳后期患瘫痪症是由于母貉产仔数多、泌乳量大而导致体内钙、磷比例失调而引起的,该病多见于 4 年以上产仔多的母貉。

【病　图】　主要原因是平时饲养中饲料单一,使母貉体内钙、磷比例失调,而母貉产仔多,泌乳中需大量钙质来保证仔貉对钙的需求量,母貉体内钙质消耗量大,没能及时补充,从而引起血钙浓度下降,造成母貉哺乳后期体内缺钙而瘫痪。

【症　状】　母貉哺乳后期体况软弱,运动失调不能站立,后肢拖拉,只能靠前肢爬行,瘫痪卧于笼底。但体温、精神及食欲都正常。

【治　疗】　用维丁胶性钙注射液每日 1 次,每次 2 毫升,或强力跛瘫宁注射液,每日 1 次,每次 2 毫升肌内注射。同时在饲料中加入骨粉 5～10 克,或钙素母片,每日 2 次,每次 2 片,或用鲜骨汤饲喂瘫痪母貉,效果都比较明显,能使母貉在仔貉断奶后很快得以恢复。

【预　防】　平时应加强饲养管理,经常在饲料中加入适量的骨粉、钙素母片、鲜骨汤等,都能有效预防母貉哺乳后期瘫痪症的发生。

七、尿 湿 症

乌苏里貉尿湿症是尿液浸湿腹部绒毛,引起尿道口及皮肤过敏发炎而得病,常见于当年小公貉。

【病　因】　尿湿症是因腹部绒毛被尿液浸湿,变黄甚至脱毛、尿道口过敏发炎而得病。2月龄的幼龄貉易得,往往会使全窝发病。该病是由于饲料中脂肪含量偏高,磷和钾的比例失调而引起的尿道感染所致。饲养管理不当也可诱发该病。

【症　状】　病貉营养不良,可视黏膜苍白,频频排尿而不直射,尿液淋漓,尿道口周围绒毛被尿液浸湿,病重者几乎全腹部绒毛浸湿发黄。病程长时,尿液刺激皮肤,皮肤出现红肿、糜烂和溃疡,造成被毛脱落。

【治　疗】　大群发病时,一定要在饲料中增加新鲜的动物性饲料、酵母和鱼肝油的给量。重者可给乌洛托品解毒利尿,同时用氨苄青霉素 0.5 克,维生素 B_1 注射液 2 毫升,分别 1 次肌注射,连用 6 日。

【预　防】　合理调配各种饲料,减少饲料中脂肪含量,不饲喂各种变质的脂肪含量高的动物性饲料,供给充足饮水。经常在饲料中加入适量食用醋,能有效防止仔貉尿湿症的发生。

八、阴 道 炎

母貉阴道炎是母貉阴道黏膜的炎症,常见于经产母貉。

【病　因】　该病是由敏感菌、支原体、衣原体等病原微生物所引起的,主要原因是母貉在发情期和分娩时受敏感菌的感染而引起阴道发炎,常造成母貉空怀、流产及仔貉生长发育不良等症,母貉阴道炎是严重影响乌苏里貉繁殖的性病。

【症　状】　病貉阴部痒痛不安,不断回头用嘴舐阴部。宫颈炎、阴道炎时阴门内时常流出脓性分泌物,阴道黏膜出血、肿胀或溃烂,有腥臭味。

【治　疗】　先用洁尔阴溶液反复清洗阴道,选用氯霉素每日2次,每次1片,拌入饲料中饲喂;同时,用地塞米松4毫升与氨苄青霉素0.5克混合后注入阴道内,清洗阴道内真菌,也能有效地杀死阴道内各种致病菌,用药7日后可治愈。

【预　防】　母貉在配种前用氯霉素眼药水清洗阴道2次,再连续饲喂7天氯霉素片,每日2次,每次1片,能有效预防母貉阴道炎的发生。也可用加德纳菌疫苗在配种前30天进行免疫,仔貉分窝后20天同老貉一起进行第二次免疫,可根除该病。用量、用法请看疫苗使用说明书。

第九节　貉呼吸系统疾病

一、感　冒

乌苏里貉感冒是因气候变化,受寒侵袭或受热后着凉而引起的呼吸道感染。由于被侵害的部位不同,可出现鼻炎、咽喉炎、气管炎和肺炎。

【病　因】　秋末冬初或寒冷冬季的气温变化,饲养管理不当,粪尿污染,寒风袭击,被毛浸湿受寒,长途运输等使貉体质下降,抵抗力降低,都可引起感冒。

【症　状】　病貉精神沉郁,不爱活动,食欲减退,体温升至40.5℃以上,鼻镜干燥,眼结膜潮红,有的从鼻孔中流出水样液,有时咳嗽,呼吸不畅、加快,有的出现呕吐,病貉常卧于笼底蜷缩成团。

【治疗】 选用庆大霉素8万单位,氨基比林注射液2毫升肌内注射,每日2次。也可用安痛定1片,病毒灵1片,维生素B₁片2片,拌入饲料中饲喂。必要时饲喂感冒灵每日2次,每次1粒。

【预防】 冬季要加强饲养管理,改善饲养环境,将貉笼放在背风向阳的地方,注意防寒、保温,提高貉的抗病能力,喂给各种易消化的新鲜饲料,能有效地预防乌苏里貉感冒的发生。

二、气管炎

貉的气管炎可分为急性、慢性两大类。此外,还有根据病因而定名的寄生虫性、真菌性和传染性气管炎等。

气管炎多限于支气管、气管和喉头黏膜炎症,实际上都属于呼吸道炎症。

【病因】 幼龄貉体质不良,营养状况不好,饲养管理不当。由于寒冷潮湿,气温突变,浓雾天气的影响,有害气体的刺激,肺部疾患的波及等。

【症状】 急性气管炎,呼吸困难,喘,发高热,精神沉郁,战栗,脉搏频数,食欲减退,频频发咳,开始时干咳痛感,随着病程的发展变为湿性咳嗽。当细支气管受侵时,其咳嗽从开始就呈干性弱咳。鼻孔流出水样液体、黏液或脓性鼻液。听诊时可听到尖锐粗粝的肺泡音、干性啰音(似吹笛音)。

病程一般轻症经2～3周可以治愈。严重病例,则可致死或转为慢性。

【诊断】 根据临床症状呼吸困难、频频咳嗽、高热等不难确诊,但要与某些传染病区别开来。

【治疗】 肌内注射青霉素40万单位,每日2～3次,同时肌内注射维生素B₁和维生素C注射液2～3毫升,每日1次。

幼龄貉呼吸不畅时,可口服氯化铵 0.1~0.5 克,每日 1 次。

【预　防】　改善饲养管理,喂给新鲜全价易消化的饲料,注意通风,保持安静。

三、肺　炎

乌苏里貉肺炎是呼吸道中严重的一种常见病,多发生于感冒未愈的仔貉、幼龄貉,成年貉发病少。病貉及时得到治疗大多数可治愈。

【病　因】　仔、幼貉肺炎多因感冒而继发。平时饲养管理不当,受物理或化学因素的刺激都可引起肺炎、急性肺炎的发生。

【症　状】　病貉精神沉郁,体温升高,鼻镜干燥,呼吸促迫,有时咳嗽,粪便干燥,食欲不强,饮水增多,有时发生畏寒战栗。

【治　疗】　青霉素 40 万~60 万单位、安痛定注射液 1 毫升,肌内注射,每日 2 次,连用 3 天;并补给 10% 葡萄糖 20 毫升,皮下注射。也可用维生素 C 注射液 2 毫升,吉他霉素注射液 2 毫升,每日 1 次,肌内注射。对病轻仔貉用土霉素片 1 片,增效磺胺 1 片,连续服 5~6 天,效果也很好。

【预　防】　预防肺炎主要是加强防寒、保温措施,防止感冒。对患肺炎的病貉应及时治疗、精心护理,补给新鲜易消化的饲料,使其增强抗病能力。

第十节　貉消化系统病

一、卡他性胃肠炎

乌苏里貉卡他性胃肠炎是胃肠表层黏膜的炎症,主要表现胃肠运动和分泌障碍。常出现腹泻。

【病　因】　造成卡他性胃肠炎的主要原因是饲养管理不当，饲料质量差。其次是风寒感冒，维生素 A 缺乏，饲料中混有碎小的铁丝、铁钉或碎玻璃片等被貉误食后，均可引起卡他性胃肠炎。此外有些饲料中混有药品和农药等也会引起胃肠炎。

【症　状】　病貉食欲减退，而后拒食，精神沉郁，弓腰蜷腹，便稀，颜色有绿色、白色、黄色，有时呈黏稠的胶冻状。有时也会排泄出未消化的饲料残渣，有时病貉出现呕吐。幼貉腹泻严重时常出现脱肛，被毛粗乱。

【治　疗】　饲喂氯霉素片或氟哌酸胶囊，每日 2 次，每次 1～2 片，连续饲喂 5～6 天，效果良好。

对病重的貉可用氧氟沙星注射液 2 毫升，肌内注射。同时饲喂复合维生素 B 每日 2 次，每次 2 片。改善饲养管理，饲喂新鲜饲料，保证清洁饮水。

【预　防】　严格遵守饲养管理操作程序，变换饲料时应逐渐增减，让貉有一段适应过程。同时严禁饲喂发霉、变质的饲料。要满足貉对矿物质和维生素需求量。

二、幼貉胃肠炎

幼貉胃肠炎，多发于刚分窝后的幼貉。这时幼貉胃肠功能很弱，一旦饲养失误，就容易引起幼龄貉胃肠炎，防治不及时，死亡率高。

【病　因】　当幼龄貉会采食时，因饲料腐败变质，新鲜程度差，饲料配制不合理，卫生条件差，都会引起幼貉胃肠炎的发生。

【症　状】　病貉常发出微弱的叫声，腹围稍膨胀，持续出现腹泻,泻下物呈水样,大便有恶臭、混有血液、黏液与脱落的肠黏膜,有时也混有脓液。食欲减退,个别有呕吐现象,有时排出未消化的饲料。病程稍长的,发育缓慢,消瘦,呈贫血状态,被毛蓬松无光泽,严重的有脱肛现象。

【治　疗】　中药方:生白药子 300 克,滑石 300 克,生杭芍 180 克,潞党参 90 克,白头翁 90 克,甘草 60 克,加水 3 000 毫升,煎后去渣,药汁拌入调制好的饲料中,搅拌均匀后饲喂 100 只幼貉,能在 2 天内明显见效。每只幼龄貉用氯霉素 1 片,复合维生素 B 水 10 毫克,混在饲料中饲喂;可用庆大霉素 8 万单位肌内注射,每日 2 次;病情重的,可选用氟苯尼考 2 毫升,维生素 C 2 毫升,每日 2 次肌内注射,10％葡萄糖 20 毫升,皮下多点注射。

【预　防】　仔貉断奶时,先给新鲜易消化的精饲料。刚分窝的仔貉应按强、弱分开,防止抢食造成饥饱不均。笼舍、小室要经常打扫,保持清洁干燥。定期在饲料中加入单用土霉素粉,每只幼貉可按 0.10 克搅拌入饲料中,以预防幼貉胃肠炎的发生。

三、仔貉消化不良

仔貉与幼龄貉的消化不良症,主要是胃肠功能紊乱引起的综合征。发病主要在 35～40 日龄断奶前后的幼龄貉。若不及时防治,可形成“僵貉”,甚至死亡。

【病　因】　主要由于喂给母貉发霉变质、不新鲜饲料,引起母貉胃肠疾病,导致仔貉消化不良;其次是母貉饲料营养不全,B 族维生素缺乏时也可引起仔貉消化不良。

【症　状】　仔貉肛门周围被粪便污染。被毛蓬松、失去光泽,头大体瘦,肋骨裸露,或腹部膨胀、腹泻、呕吐、粪便稀薄,呈灰黄或灰褐色,常含有气泡。口腔恶臭,舌苔灰色,口腔黏膜色泽变淡。该病持续 4～6 天,一般能自然痊愈,但生长发育受阻。

【治　疗】　对消化不良的仔貉、幼龄貉,经常在精饲料中加适量的中成药附子理中丸、保赤丸、胃蛋白酶、酵母粉等,对病情较重的貉用土霉素粉 0.15 克,拌入饲料中饲喂,也可用氧氟沙星注射液 2 毫升、维生素 B_1 注射液 2 毫升,肌内注射,每日 2 次,4 天即可治愈。

【预　防】　哺乳母貉饲料必须营养全面,防止饲喂发霉变质饲料;仔貉补饲时,必须坚持定时、定量、定质,搞好环境清洁卫生;冰冻的动物性饲料喂前,先用水浸泡,将冰碴除掉,调制后再饲喂。

四、胃肠鼓胀

乌苏里貉胃鼓胀病,是由于乌苏里貉采食大量易发酵的动、植物性饲料,饲料在胃内发酵产生大量气体,致使胃肠快速鼓胀而引起的一种疾病。此病多发于春、夏季,如发现不及时,极易引起死亡。

【病　因】　主要原因是贪食过量,或采食不新鲜易发酵饲料、未煮熟谷物饲料等引起,也可引起胃肠炎与消化不良等疾病。

【症　状】　在断奶分窝时期,幼龄貉常在采食后不久发病。病貉腹痛不安,腹围增大,叩诊有鼓音,按压有弹性,用手能感觉到腹内有大量气体,病貉呼吸困难,头颈伸直,常趴卧笼底,并不断发出呻吟声。如果治疗不及时,多因心力衰竭、窒息而死亡。

【治　疗】　首先查明引起胃肠鼓胀的原因,制止胃肠内继续发酵,消除胃中气体和恢复胃的运动功能。先用小木棍让貉衔在嘴里,然后慢慢地向病貉嘴里灌入藿香正气水 20 毫升,能很快消除胃鼓胀;急病时,也可用肠胃畅注射液 5 毫升肌内注射,能快速使胃中气体消失。

【预　防】　貉场要严格加强饲养管理,未成年貉可实行 3～4 只放到一个笼中饲养,采用定时、定量喂养,防止贪食过量,平时在饲料调制时经常加入土霉素粉、益生菌或兽用补血健胃添加剂等,能调节营养平衡,有效促进幼龄貉正常生长发育。及时清除食盆中剩余饲料,能有效地预防乌苏里貉胃肠鼓胀的发生。

第十一节　貉神经系统病

一、仔貉脑水肿

仔貉脑水肿就是大头病,同窝公、母貉近亲交配会造成仔貉脑水肿病的发生。

【病　因】　脑水肿是一种遗传性疾病。

【症　状】　仔貉生后头大,后脑勺突出形似鹅蛋,用手触摸时,感到十分柔软并有波动感。切开肿胀部位,流出大量液体,并形成空洞。仔貉精神沉郁,吸吮能力弱,体质软弱呈渐进性消瘦。

【预　防】　此病在一般条件下治疗无效,仔貉死亡率极高。防止脑水肿措施是母貉发情期防止近亲交配。所有患有脑水肿的病貉都不能正常生长发育,无饲养价值,一律淘汰。

二、中 暑

乌苏里貉中暑是由于夏季气温高、空气干燥,乌苏里貉在烈日下暴晒,体温升高,导致中枢神经紊乱、血液和呼吸系统功能失调而引起的。乌苏里貉中暑是夏季气温高时常见的急性病,如不采取有效措施,即会造成死亡。

【病　因】　该病多发生在 7～8 月份,在温度高、风速小的环境中,乌苏里貉体内散热困难,使貉体内产生的热量大量积聚,加之烈日暴晒时间长,而引起中暑。

【症　状】　该病能引起颅内血管扩张,脑与脑膜充血,脑水肿等。有时因体温过高而引起高度神经麻痹,血液循环衰竭。病貉出现体温升高,可视黏膜呈树枝状充血,鼻镜干燥,有剧渴感。病貉四肢伸直卧于笼底网上,张口伸舌,剧喘,并发出刺耳的尖叫声。严重时精神萎靡,头部颤抖,体躯摇晃,口吐白沫,前腹部逐渐膨胀,全身痉挛而死。有些病貉中暑 2～3 天死亡。

【治　疗】　迅速将病貉移至阴凉和空气流通的场所,供给饮水。为使病貉体温降低,可把病貉放在水泥地面上或电风扇下,然后向病貉全身各部位慢慢浇冷水,效果较好。为增强心脏功能,可肌内注射强心剂尼可刹米注射液 1～2 毫升;皮下注射 5％糖盐水 20 毫升;也可灌藿香正气水,每次每只 5 毫升,仔貉减半。

【预　防】　夏季尤其在炎热的中午和下午必须保证足够的饮水。必要时向笼网或地面喷洒冷水,用篱笆或草帘遮挡笼舍,防止日光直射,保证貉棚内通风良好。在夏季高温季节里,貉场的饲养人员,要及时观察貉群动态。长途运输应尽量避开炎热的中午,以防中暑。

第十二节 貉新陈代谢病

一、维生素 A 缺乏症

乌苏里貉维生素 A 缺乏症是因貉体内缺乏维生素 A 而引起上皮细胞角化的一种疾病。

【病　因】　平时饲料中维生素 A 的供给量不足,达不到貉体内所需比例。饲料中维生素 A 遭到了破坏,病貉患有慢性消化器官疾病,严重影响到对维生素 A 的吸收和利用。饲料中添加了变质的油脂、油饼,骨肉粉及蚕蛹等。使用氧化了的饲料,使维生素 A 遭到破坏,导致维生素 A 的缺乏。

【症　状】　当维生素 A 缺乏时,会引起神经失调、抽搐和头向后仰,此时病貉失去平衡,易倒;仔貉肠道正常功能常常被破坏,出现腹泻,粪便中有少量黏液和血液。繁殖期缺乏维发素 A 时,公貉表现性欲减退,睾丸缩小,精子活力不强,精子畸形和死精等。母貉发情不正常,性周期紊乱,造成失配、空怀、流产、死胎或胚胎被吸收。当仔貉患维生素 A 缺乏症时,生长发育停滞,出现消化功能紊乱,腹泻、体质衰弱、换牙推迟和渐进性消瘦。

【诊　断】　该病在临床上没有典型症状,不易判定。必须通过对饲料进行全面分析,从中找出依据,结合临床症状和剖检变化,并采用维生素 A 治疗有明显效果等,进行综合诊断。

【治　疗】　在饲料中喂鲜肝、奶、蛋等,连续饲喂 2 周以上;在饲料中添加维生素 A 3 000 单位;病情严重者,也可肌内注射维生素 A 油剂 5 000 单位,也可用维生素 E 每日 2 次,每次 1 片,连续饲喂 15 日。

【预　防】　合理搭配饲料,注意调配方法,避免饲料中维生素 A 遭到破坏。不喂腐败、变质饲料,经常补给维生素 A,每日每只 3 000 单位。特别在准备配种期、妊娠期、哺乳期饲料中应有足够量的中性脂肪和鲜肝。为了避免抗干扰素的同化作用,饲料中可添加维生素 E 和维生素 C,效果良好,能预防维生素 A 缺乏症的发生。

二、维生素 E 缺乏症

乌苏里貉维生素 E 缺乏症,是母貉体内缺乏维生素 E 引起的母貉的不孕或流产症,产仔数减少,仔貉体弱易死亡。公貉性功能减退,精子生成障碍。

【病　因】　维生素 E 缺乏症,主要是饲料中缺乏维生素 E。饲料中维生素 E 的缺乏除供给不足外,与动物性饲料的贮存和加工也有很大的关系。动物性饲料贮存时间过长,使脂肪氧化酸败,都容易使维生素 E 遭到破坏。长期喂给冷冻的脂肪含量高的鱼类,也会使饲料中的维生素 E 遭到破坏。

【症　状】　主要是影响繁殖功能:公貉表现性欲低,精子活力下降。母貉表现发情期延长,不孕和空怀数增加。仔貉生下后精神不振、体质软弱。无吮乳能力,死亡率高。

【诊　断】　根据临床症状特点,可以做出诊断。在确诊时,还必须进行饲料分析,特别要注意饲料的质量,当饲料中发现脂肪已经氧化,在饲料中又未能及时补充维生素 E 时,即可诊断。

单纯维生素 E 缺乏症较少见,大多数与脂肪组织炎并发。脂肪组织炎的特点是,皮下高度水肿浸润,尸体好像浸在血样液体中,脂肪呈黄色,皮下脂肪和皮肤不易分离。

【治　疗】　用维生素 B_1 注射液 2 毫升,维生素 E 注射液 2 毫升,肌内注射,或用维生素 E 胺每只 2 毫克,青霉素 60~80 万单位,20％磺胺嘧啶每只 2 毫升,肌内注射,每日 2 次;也可用维生素 E、土霉素、乳酶生,每日 2 次,每次 2 片拌入饲料中饲喂。

【预　防】　在配种、妊娠和哺乳期,预防维生素 E 缺乏症,禁止饲喂脂肪被氧化的饲料。在配种期增加新鲜的含维生素 E 丰富的各种动物肝脏。平时在饲料中供足各种新鲜蔬菜,并常添加少量的食用花生油或维生素 E 油剂,可预防维生素 E 缺乏症的发生。

三、维生素 D 缺乏症(佝偻病)

乌苏里貉维生素 D 缺乏症也称佝偻病,该病多发生于幼龄貉,使骨骼组织生长发生障碍。幼龄貉生长发育快,对钙、磷的需求量高,平时供给幼龄貉饲料中缺少钙、磷,供给不足或维生素 D 缺乏,都会引起该病的发生。

【病　因】　幼龄貉在育成期饲料中钙、磷比例失调,日光照射不足时,幼龄貉体内肝脏、肾脏功能不全,体内转化维生素 D 的功能发生紊乱;饲料中维生素 D 不足时,都可引起该病。

【症　状】　2~4 月龄的仔貉易发生该病。主要表现在生长的最旺盛时期,佝偻病的发生呈渐进性发展。病初食欲降低,走动时姿势不正,逐渐消瘦,生长发育停滞,被毛蓬乱,常常发生胃肠道功能紊乱,有时出现强直性全身痉挛。病情严重时,病貉精神沉郁,步行不稳,肌肉松弛,佝偻病最明显的症状是肢体变形、头大、腿短弯曲、关节肿大、腭骨肿胀、肋骨下端明显凸起,脊柱骨弯曲,腰椎下陷,严重的拖地爬行。

【诊　断】　根据临床症状、剖检变化、饲料分析和明显的头部大、腿骨变形即可做出诊断。

【治　疗】　用强力跛瘫宁注射液每日 1 次,每次 3 毫升,并在饲料中补给维生素 D 2 000 单位,连续喂 2～3 周,然后逐渐降到预防量(每日每只 1 000 国际单位);对严重的病貉,肌内注射维生素 D 注射液 1 毫升,连续 10 天;当并发消化不良时,喂给新鲜全价易消化的饲料,同时在饲料中供给鱼肝油 3 000 单位,钙素母片 0.5 克,每日 2 次,直至痊愈为止。

【预　防】　在饲料管理上注意改善光照条件。仔貉生长期间,在饲料中每日每只加鲜骨汤 30 毫升或骨粉 2 克,在饲料中供给一定的鲜杂鱼和骨架;每天饲喂少量的食用花生油,都能有效防止佝偻病的发生。

四、食毛症

食毛症病因尚不清楚,但多数人认为是元素缺乏引起的一种营养代谢异常的综合征。

【病　因】　硒、铜、钴、锰、钙、磷等元素不足或缺乏,脂肪酸败,酸中毒,肛门腺阻塞等都可引起本病的发生。营养不全或不平衡,代谢功能紊乱或失调以及不良的饲养管理都能诱发食毛症。

【症　状】　有的病貉突然一夜之间将后躯被毛全部咬断,或者间断地啃咬,严重者除头颈咬不着的地方外,都啃咬掉,被毛残缺不全。尾巴呈毛刷状或棒状,全身裸露。如果不继发其他病,精神状态没有明显的异常,食欲正常;当继发感冒、外伤感染时将出现全身症状,或由于食毛引起胃肠毛团阻塞等症状。

【诊　断】　从临床症状即可做出诊断。

【治　疗】　没有有效的治疗方法,如果病貉神经过于兴奋,可静脉注射氯丙嗪(氯普马嗪)等药,注意防止感冒和其他并发症。

【预　防】　立足于综合性预防。饲料要多样化,全价新鲜。哺乳育成期的饲料要注意微量元素和维生素的补给。从生产实践看,食毛症发病率高的养殖场,多数都是饲料比较单一的。

五、白 肌 病

白肌病是一种幼龄貉多发的地方性、营养性、代谢性疾病。病貉伴有骨骼肌与心肌变性、营养不良、运动障碍和急性心力衰竭。常呈地域性流行。

【病　因】　主要原因是缺硒。我国有些地区土壤里缺硒,所以当地的饮用水和谷物饲料中都缺硒,特别是高寒山区更为严重。

【症　状】　病貉初期体温和精神状态无明显异常,随着病情的发展,出现食欲减退,精神沉郁,不愿活动,腰拱起,后肢僵硬,拘谨,强行驱赶,前肢跪下,两后肢拖地匍匐爬行,站立困难,有的呈犬坐姿势。多数急性死亡,幼龄貉多发。

【病理变化】　骨骼肌和心肌特征性变化,特别是腰肌和臀部肌群变化最明显,肌肉色淡灰白色,膈肌呈放射状条纹,切面粗糙不平,有坏死灶。心包积液,心肌色淡,心扩张,心肌弛缓。

【诊　断】　根据临床表现的病理变化,以及流行病学调查可以做出诊断。

【治　疗】　对病貉用亚硒酸钠维生素 E 注射液肌内注射,每日 1 次,每次 2 毫升,也可用维生素 B_{12} 针剂每日 1 次,每次 2 毫升肌内注射,同时要多补给动物性饲料,供足营养,加强护理。

【预　防】　发病区的乌苏里貂要注意硒和维生素 E 的补给。但要注意亚硒酸钠容易中毒,使用时千万不能过量。

六、维生素 B_1 缺乏症

维生素 B_1 缺乏症是因维生素 B_1 不足引起乌苏里貂食欲减退,运动失调为特征的疾病。

【病　因】　乌苏里貂体内所需要的维生素 B_1 体内不能合成,必须从饲料中获得。饲料中维生素 B_1 含量不足、饲料不新鲜、贮存时间过长使饲料变质,长期饲喂生淡水鱼等,易使饲料氧化变质,均可引起维生素 B_1 缺乏症。

【症　状】　维生素 B_1 不足时,会引起多发性神经炎,病貂表现厌食或拒食,消化功能紊乱,鼻镜干燥,腹胀下泻,全身蜷缩、消瘦,被毛蓬乱,步伐不稳,可视黏膜苍白,共济失调,后躯麻痹不能站立。妊娠母貂可导致胚胎吸收、难产、死胎,产后母貂缺奶,仔貂生命力弱,死亡率高。

【治　疗】　先用维生素 B_1 片剂 2 毫克,土霉素 0.25 克,拌入饲料中饲喂。再用维生素 B_1 注射液 2 毫升肌内注射。若在妊娠后期出现流产、烂胎时,可用维生素 B_1 注射液 2 毫升,维生素 E 注射液 2 毫升、青霉素 80 万单位,每日 2 次,肌内注射。

【预　防】　平时饲养中经常饲喂各种新鲜蔬菜,经常在饲料中添加酵母粉、维生素 B_1 粉,就能有效预防维生素 B_1 缺乏症的发生。

七、维生素 B_6 缺乏症

本病多在貂繁殖期发生,当维生素 B_6 不足时,公貂出现无精子，而母貂引起空怀或胎貂死亡，仔貂生长发育迟缓。因此，一旦饲料中缺少维生素 B_6，会给养貂生产造成很大损失。

【症　状】　患貂食欲减退，上皮细胞角化，发生赖皮症者后肢出现麻痹，小细胞性低色素性贫血。母貂空怀率增高，产出的仔貂死亡率增高。公貂性功能消失或无性反射，无精子。公貂睾丸明显缩小，睾丸内变性，检查无精子。仔貂表现生长迟缓。母貂表现发情和妊娠推迟。据报道，健康公貂出现尿结石与缺乏维生素 B_6 有关。

【治　疗】　及时用维生素 B_6 针剂 1 毫升肌内注射。种貂发情期用维生素 B_6 片剂 2 毫克，每日 1 次；冬毛生长期用 1 毫克；育成期用 0.5 毫克，可拌在饲料中饲喂。如果是针剂，可按比例计算用量进行注射。

【预　防】　为了避免貂发生维生素 B_6 缺乏症，在日常供给的饲料中添加适量维生素 B_6，可获得良好预防效果。供给足量的各种新鲜蔬菜，都能有效防止维生素 B_6 缺乏症的发生。

八、维生素 B_{12} 缺乏症

维生素 B_{12} 缺乏或不足，可引起貂贫血。饲料中缺乏维生素 B_{12}，成年貂经 8 个月以后，幼龄貂经 3 个月以后便可出现缺乏症。

【症　状】　貂表现为血液生成功能障碍性贫血，可视黏膜苍白，食欲废绝，消瘦，衰弱。如在妊娠期发生，仔貂死亡率高，银黑貂发生本病，表现全身性贫血，黏膜苍白，仔貂发育不良，实质器官萎缩、变小。肝脏、脾脏边缘变薄。

【治　疗】　用维生素 B_{12} 治疗，每只成年貂注射 2 毫升维生素 B_{12}，每日注射 1 次，连续 10 天，治愈为止。

【预　防】　为预防该病,饲料中维生素 B$_{12}$要按标准给予,能有效防止。

九、维生素 C 缺乏症

维生素 C 缺乏症是维生素 C 供量不足时,会引起新生仔貉"红爪病",是仔貉分窝前后的常见病。

【病　因】　妊娠母貉由于体内维生素 C 不足,引起仔貉患病。维生素 C 缺乏时,使母貉体内的结缔组织与支持组织细胞中间物质的生成发生障碍。因此,貉表现骨骼带破坏,白细胞的生成受到抑制。

【症　状】　仔貉易发生"红爪病",成貉很少发生。仔貉发病后,爪掌肿大、皮肤发红、四肢水肿、关节变粗、指垫肿胀、严重时破裂。发出尖叫声,爬行困难,向后仰头,不能吸吮母乳。成貉发病时,在笼内不安、时而发出尖叫声,母貉常把仔貉叼到室外乱跑或咬死仔貉,叼出室外。

【治　疗】　肌内注射维生素 C 注射液 2 毫升,每日 2 次;或维生素 C 片(粉)20 毫克,与 50%葡萄糖 20 毫升混合后用滴管点喂,每日 2 次。敌百虫半片,用 10 毫升温水溶成乳白色溶液,涂擦足垫部,每日 2 次,2 天为 1 个疗程,隔日进行第二个疗程。3 天后患部呈灰白色,肿胀消失。

【预　防】　维生素 C 缺乏症,必须保证妊娠母貉饲喂新鲜优质全价的饲料,在饮料保障供给足够的维生素 C,供足新鲜各种蔬菜,淘汰患过维生素 C 缺乏症的貉,这样才能有效预防维生素 C 缺乏症的发生。

第十三节 貉中毒性病

在乌苏里貉养殖业中,各种食物与药物中毒是经常发生的,由于乌苏里貉对有毒物质反应极为敏感,一旦发生中毒,发病急,一时又难以找出解毒的有效方法,给养貉场造成损失也很大。

一、食盐中毒

食盐中毒在养貉中时常发生。食盐中毒是由于饲料中加盐过多或调配饲料时搅拌不匀所造成。

【病　因】　饲料中食盐的添加量过多,食盐在饲料中搅拌不匀,有的鱼粉中含盐量过高,都很有可能引起食盐中毒。

【症　状】　患貉干渴、呕吐、流涎,有胃肠功能紊乱等表现。外观病貉呼吸促迫,瞳孔散大,全身无力,可视黏膜呈青紫色。严重时,口吐带有血丝的泡沫或表现为癫痫病性发作。运动失调,尾根翘起、体温下降,死前四肢乱动。

【治　疗】　发生食盐中毒时,立即供给豆奶,汤中加牛奶。饲料减半,停喂食盐。同时在饲料内平均每只貉添加矽炭银 0.2 克,碳酸氢钠 0.1 克,鞣酸蛋白 0.1 克,重病貉可服用牛奶。患貉高度兴奋不安者,可给溴化钾等镇静药。精神沉郁、心力衰竭者,皮下注射维他康复 1 毫升,用 10% 葡萄糖溶液 20 毫升,皮下多点注射或灌肠。

【预　防】　在配制饲料时,严格掌握食盐的用量,将盐粒磨碎后,再将饲料充分搅拌均匀后才能饲喂,只要配饲料细心一点,都能有效防止食盐中毒的发生。

二、鱼中毒

鱼中毒一般表现食欲不振,大量剩食,呕吐,卧于笼中,后躯麻痹以及抽搐等。

【病　因】 引起乌苏里貂鱼中毒的有毒鱼类有:海鳗鱼,在血液中含有毒素;新鲜巴鱼,体表有一些有毒物质;河豚的血和卵巢有毒;繁殖期的鲟鱼头和卵子有毒;鲭鱼的肝脏有毒。

【症　状】 乌苏里貂中毒后主要表现为精神沉郁,呼吸困难,可视黏膜肿胀,并有肠炎症状,多数患貂死亡。

【治　疗】 中毒严重的可用50%葡萄糖注射液20毫升,皮下注射,青霉素80万单位,维生素C、硫酸阿托品各2毫升,每日2次,肌内注射。

【预　防】 调配鱼类饲料时要严格检查;禁喂不新鲜的、可疑的和有毒的鱼类。如果一旦发现貂因食鱼而引起中毒的现象,首先停喂原配饲料,换用新鲜的动物性饲料,特殊病例可采取对症疗法,强心、补液、解毒等综合性措施。

三、敌百虫中毒

敌百虫对乌苏里貂有不同程度的毒性,可通过消化道、呼吸道、皮肤黏膜进入貂体。

【病　因】 误食了被敌百虫污染的食物或用敌百虫治疗乌苏里貂寄生虫时被其舔食而中毒。

【症　状】 病貂食量降低,精神不振,稀便中带有黏液,口流蛋清样唾液,严重时全身、四肢及耳发凉。

【治　疗】 用50%葡萄糖注射液30毫升、维生素C注射液5毫升、0.5%强尔心注射液1毫升混合后1次腹腔注射。再配合硫酸阿托品注射液 1 毫升,用 10 毫升温水稀释,灌注直肠深部。幼龄貉药量酌减,经过治疗一般可以治好。

【预　　防】　在治体外寄生虫时,用药量要适当,药物溶液配比要准确,用药后,不能让病貉舔食敌百虫溶液。

第十四节　貉外科病

乌苏里貉的外科病有:咬伤、骨折、脓肿、脱肛、阴茎脱出等。

一、咬　伤

乌苏里貉咬伤是种貉发情期和仔貉分窝时常见的外科病之一。

【病　　因】　成年貉的咬伤多发生在配种期,主要是对母貉发情鉴定不准,母貉有择偶拒配现象。有的公貉有恶疾,放对后,公貉扑咬母貉,下地后未及时捉走母貉,都会使母貉被咬伤。仔貉咬伤多发生在分窝后,互相争食或貉笼相隔距离过近,都会造成咬伤。严重者可将后肢或舌咬断。

【症　　状】　咬伤部位不一样,配种时多在头部、耳、嘴、爪;仔貉争食时多咬头部和四肢。咬伤面积不等,轻重不等,新咬伤处绒毛湿润,出血。陈旧的咬伤,绒毛多黏结一起,有的结痂,有的化脓,严重时有化脓感染、精神不振、食欲不好和体温升高等症状。

【治　　疗】　轻微咬伤的伤口,先用 4％或 3％过氧化氢溶液反复清洗创口,而后在伤口上涂上红霉素软膏或撒上消炎粉。皮肤、肌肉已撕裂的病貉,除伤面消毒外,必要时可进行缝合手术。创面化脓的貉,要彻底清洗伤部,清除坏死组织,之后注射抗生素或磺胺类药物。体温升高时,可用青霉素80万单位,维生素 B₁ 注射液 2 毫升肌内注射。也可用 10％磺胺嘧啶钠液 2 毫升肌内注射。

【预　防】　对母貉发情鉴定要准确,不能强行配种,防止公、母貉相互咬伤,未分窝的貉喂食时,要有足够的食盒,防止仔貉争食时咬伤。貉笼要修整好,预防貉笼有漏洞,貉窜出笼外,相互咬伤。

二、骨　折

乌苏里貉的骨折是常见病之一,骨折可分全骨折、骨裂、闭锁性及开放性骨折。

【病　因】　是由于貉笼网眼不适合,卡住貉后腿的关节造成骨折;或两只貉隔笼斗殴,一只貉腿伸进另一只貉笼内,被另一笼内貉子咬住,使劲咬住往内拉而造成骨折的;或检查捕捉时用力过猛而发生骨折。同窝仔貉过多,饲料不足,互相抢食而发生撕咬,也能把四肢骨咬伤,而造成骨折。

【症　状】　四肢骨折的特征是行走姿势异常如三条腿走路,跳跃等情况就应认真观察和触摸不能着地的腿,看腿是否有折断现象和局部剧烈疼痛反应。开放性骨折表现为皮肤撕裂,骨茬外露,流血,临床上很容易发现。

【治　疗】　一般的骨折不用治疗,经过一段饲养后可以自愈。但如种公貉在后肢发生骨折影响配种时,应立即淘汰。日常饲养中发生骨折,应立即进行消毒,进行伤口皮肤缝合之后,在伤口上撒上消炎粉,滴入青霉素油 1 毫升。青霉素40 万～60 万单位,每日 2 次,肌内注射。饲喂磺胺嘧啶或复方新诺明每日 2 次,每次 1～2 片。

也可以在饲料中加入中药,炒熟的老黄瓜籽 3～4 克和去齿猪下颌骨的煅炭化粉末 10～15 克,成貉每日每只 1 次可加入 20 克 ,仔貉酌减。

【预　防】　捉貉检查时,要防止后肢卡到笼网眼上,把貉腿折断。平时应注意检查貉笼,防止貉笼有破洞,造成貉窜出笼外,咬伤或折断其他笼子里貉的腿。

三、脓　肿

乌苏里貉脓肿是在组织器官内或皮下形成的空洞,内部有脓汁蓄积叫脓肿,是乌苏里貉常见外科疾病之一。

【病　因】　肌体外伤,由于维生素 B_2 的缺乏,致使机体失去对链球菌和化脓性葡萄球菌的抵抗能力,各种铁钉、鱼骨刺、玻璃片、刺伤都会引起感染化脓形成脓肿。

【症　状】　脓肿多发生头额、耳壳、口腔、后腿等,患貉精神不振、病重者拒食,触诊时初期患部稍肿硬,发热、有疼痛感,以后逐渐变软,有波动感,破溃流脓汁,出现全身症状。骨刺、鱼刺所致的脓肿,发生在口腔中齿龈、颊部,炎症由口腔内向外发炎,化脓后形成瘘管,与鼻孔相通,向外流脓。从外部看不易发现。

【治　疗】　脓肿初期,在患部涂上鱼石脂软膏或红霉素软膏,可用消炎水止痛及促进炎症产物消散吸收的方法。脓肿变软后可进行手术,用刀片在脓肿最软部刺开排脓。而后注入 3‰过氧化氢溶液反复清洗,并用红霉素软膏涂抹在患处。用青霉素 80 万单位和维生素 B_2 1 毫升进行肌内注射,并饲喂复方新诺明,每次 1 片,每日 2 次。

【预　防】　消除外伤的病因,加强饲养管理,保证饲料内B 族维生素供给,可预防该病发生。

四、脱　肛

貉脱肛很少是原发的,而多是继发于慢性或急性胃肠炎、长期腹泻造成的。仔貉的直肠壁部分或全层脱出肛门外,称脱肛,是刚分窝后幼龄貉常见的多发病之一。

【病　因】　幼龄貉的消化器官生长发育不全,多因消化不良或腹泻等原因所引起的肛门括约肌松弛、失禁,而造成直肠向外脱出。

【症　状】　仔貉常在腹泻后,从肛门脱出鲜红略有水肿的圆柱形或弯曲肠管,轻者便后能自行复原,重者脱出的直肠因红肿复回缓慢,经常在笼网上摩擦或受到同笼仔貉吸吮时咬伤。治疗不及时,可导致部分直肠脱出后不能复原。脱出的直肠受伤后感染发生红肿,很容易造成仔貉死亡。

【治　疗】　治疗脱肛应以口服药为主,可直接杀死病原体,给病貉口服链霉素 0.5 克,每日 2 次;或者将磺胺脒 0.1 克研成末,拌入新鲜饲料中饲喂。同时将脱出的直肠复原后,在肛门外部横缝一针,左右线头结扎,以不影响排便为准,用青霉素溶液注入肛门内,治愈后再将缝线拆除。发病初期可用 0.1%高锰酸钾溶液清洗脱出的直肠,然后用活蚯蚓 30～50 克放在清水中浸泡 30 分钟,让蚯蚓自行吐出腹中残留物,再把洗净的活蚯蚓放入 250 毫升烧杯中,加上白糖 50 克,溶化的糖汁慢慢被活蚯蚓吸入腹中,并将蚯蚓溶化成溶液后,取出蚯蚓的残皮。用棉球蘸鲜蚯蚓溶液轻轻擦洗患部,可见到脱出的直肠缓慢自行复回,每日擦洗 3～4 次,直到治愈为止,直肠恢复正常后,再擦洗 1 次,用药同时要加强饲养管理,喂适量的精饲料,控制腹泻,用此方治愈后不再复发。

【预　防】　在仔貉断奶吃食后,经常在饲料中加入土霉素粉 0.15 克，及时治疗仔貉的胃肠炎，可预防脱肛病的发生。

五、阴茎脱出

种公貉阴茎炎是种公貉在配种期，由于交配频繁或交配不当而引起的阴茎炎症。该病多见于发情早、交配次数多的种公貉。

【病　因】　在整个配种期间，种公貉性欲亢进，频繁与发情的母貉进行交配，因交配时间长，或母貉还没进入发情旺期公貉强行交配，都能引起种公貉阴茎外伤而发炎。如果发现病情晚，治疗不及时，患部受到病菌的广泛侵蚀而发炎红肿，使阴茎脱出，不能回缩到包皮中。

【症　状】　患貉痒痛不安，时常坐在笼底用嘴舔阴茎，尿道口周围潮湿，阴茎红肿表面有渗出物流出。阴茎炎易观察到，不用其他辅助检查，便可确诊。

【治　疗】　阴茎炎可用消炎止痛方法进行治疗，先用 3％过氧化氢或洁尔阴溶液清洗患部，而后涂上红霉素软膏；用氨苄青霉素 0.5 克，每日 2 次肌注；并在饲料中拌入氟哌酸胶囊或氯霉素 1 片，经 3～4 天的治疗，阴茎便能恢复正常。

【预　防】　在发情配种期要合理利用公貉，对性欲旺盛交配能力强的公貉要经常检查，发现病情，及时治疗，并在公貉配种期间的饲料中加入适量的土霉素粉，能有效地预防种公貉阴茎炎的发生。

六、眼角膜炎的防治

乌苏里貉眼角膜炎通常是因异物擦破角膜上皮，治疗不及时，继发细菌性感染而引起的，多为慢性疾病，是常见的乌苏里貉眼病之一。

【病　因】　乌苏里貉角膜炎有的是仔貉分窝前后因抢食打架抓伤或咬伤的,有的是被笼子上铁丝头刺伤的,有的是鼻泪管阻塞,都为继发细菌感染所致。

【症　状】　该病的症状是眼睑边缘湿润,有脓性眼眵聚集于眼角内,角膜红肿,因初期治疗不及时,角膜发生溃疡,常使上下眼睑黏在一起,打开眼睑检查时,可见到角膜红肿,因溃疡而发生化脓。

【治　疗】　发现病貉眼角潮红时,先用生理盐水或2％硼酸溶液洗净眼睛,再用氯霉素眼药水反复清洗眼角膜,而后用红霉素眼膏涂敷,或青霉素油剂3滴滴敷,连续治疗7天,常能取得较好疗效。

【预　防】　仔貉分窝前后,加强饲养管理,发现有眼睑受伤的仔貉,应及时用药物治疗,并将受伤的仔貉单笼饲养,能防止乌苏里貉角膜炎的发生。

附　录

一、貉场的经营与管理

我国养貉业起步较晚，但发展较快，养貉业还属于特种养殖范围内，饲养管理全国没有统一标准，所以，貉场的经营与管理工作在我国还是一门新兴学科。一个貉场，能否以较低的生产成本实现高产计划，这不仅取决于科学养貉技术运用的程度，也取决于养貉者的经营管理水平，这是养貉生产的复杂性和社会性所决定的。养貉的经营与管理，追求的是社会与经济效益，运用生产、经营与各种管理手段，其目的就是为了降低生产成本、增加产量、提高毛皮质量，为增加貉场经济效益服务的。下面把笔者的点滴经验介绍给读者，供广大养貉经营者参考。

(一)对市场信息的管理

能否获取准确的市场信息对从事养貉业的生产者来讲，是能否获得经济效益的关键。貉场的生产规模，饲养的品种应根据市场对产品需求量来确定，只有准确掌握市场对产品需求信息，做到心里有数，养貉者才能有效地订貉场的生产计划。比如今年冬季毛皮市场上什么样的貉产品畅销，什么样的貉产品滞销，而后养貉决策者应根据市场信息来组织生产，是多养白貉还是多养乌苏里貉，从而根据自己养貉场现有条件和资金来源有计划地做好生产安排，这样就可以避免因信息不灵，盲目扩大生产规模及产品不对路给貉场带来不应有的经济损失。

要掌握毛皮市场上的产品信息，就要充分利用多种现代化的通讯手段，通过各种媒体广泛收集有关信息，还要亲自到毛皮市场上去实地考察，多接触毛皮市场上的经销貉皮人员和亲身经历的毛皮市场真实情况，多方面了解情况，随时掌握和了解市场行情动态，做到心中有数。养貉产品有一定发展规律，貉产品在市场上售价最高峰时看到别人养貉能挣钱，这时期如果再开始购貉种饲养，能挣钱的占极少数，在貉产品市场售价最低谷时期，发展养貉者极少有亏本的，能挣钱的占多数。貉皮市场的变化规律是，当貉皮售价最高时期，也就是意味着貉皮价格快要走下坡路，老养貉者在貉产品低谷中只能求生存，而新养貉者在貉产品低谷时购种发展养貉成本低，没有什么风险，待到貉产品高峰到来时，正好是生产的貉产品能充足上市的时候。所以，老养貉者在貉产品低谷中，不能盲目扩大生产，只能少而精地控制种群，在困难中求生存，而新养貉者却遇到了花钱少、能购到优良品种，正是能发展养貉的大好机遇。

（二）对种貉群结构的控制

正常繁殖的貉群，是由母貉、公貉、新选的留种貉等构成，这些貉在貉群中的比例关系即称为貉群结构。

貉场经济效益的高低，主要取决于种貉品种质量高低，种貉质量的高低反映出饲养管理人员的专业技术水平，饲养管理人员专业技术水平直接影响貉场的经济效益。种貉群的品种质量加上饲养管理等于生产力，它直接关系到貉场产品质量在养貉行业中的竞争地位。所以，养貉场必须加强良种貉的培育工作，做好市场调查研究与预测，注意市场产品需求的变化，根据市场行情调整产品结构，加强对貉群的饲养管理工作是貉场的核心工作。根据产品结构和育种的需要，每年都要有计划地保留原有高产丰收的种貉群,注意种貉群的年龄的青壮年化,防止种母貉群老化,要从外地引进新品种,自己养貉场要培育新品种,使养貉场种貉以优质、高产、稳产的壮年种母貉群为主力,以确保养貉场的生产水平和经济效益连续高产、高效、稳定地向前发展。

(三)降低饲养成本的主要途径

对养貉者来说,饲料是貉群和扩大饲养量的物质基础,在繁殖貉群的饲养成本中,饲料费占 70％左右。乌苏里貉生长发育、繁殖及产品质量全靠饲料的供应来维持,饲料质量的好坏,是影响貉场生产成败的大问题,可见在养貉生产中,解决饲料来源,降低饲养成本是最重要的。

乌苏里貉是杂食性毛皮动物,人们提供的各种饲料中,只有满足其营养需要,它才能正常的新陈代谢、生长发育、繁殖后代及维持自身的生命活动。所以,要科学地、经济地制订乌苏里貉各个生长期所需的营养标准。在饲料搭配和饲喂上要特别注意饲料品质的新鲜,蛋白质、脂肪与碳水化合物三大营养物质的比例必须合理,饲料品种要相对稳定,要有较好的适口性,饲料的供给量要科学合理,要特别注意各种维生素和微量元素的供给。所以,在采购各种饲料时必须周密计划好,保证饲料质量,做到及时供应,绝不能盲目采购而造成积压。饲料积压了,一是占用周转资金,二是饲料贮存时间过长会造成饲料氧化变质,从而会给养貉场造成不必要的经济损失。

(四)对养貉场的生产管理

乌苏里貉有它自己特有的生活习性,所以在日常饲养管理中,我们要摸清这些客观规律,并用科学的方法饲养管理,才能把貉养好,不仅让它正常地生长发育,还要种貉繁殖产量高,仔貉成活率高,种貉和商品貉毛皮质量好,同时还要降低饲养成本,增加貉场经济效益。要做到以上要求,必须制订相应生产管理方案,建立技术管理规程是对饲养员提出具体技术操作要求,它既是贯彻高产技术的措施,也是养貉科学管理水平的标志。对养貉场的每项工作周密组织安排,使全场饲养管理人员都知道各个生产时期每项工作的目的、意义、方法、步骤、技术要求和注意事项,可以作为衡量饲养管理人员责任心和确定合理劳动报酬的依据。按劳分配,奖罚分明,充分发挥养貉场饲养管理人员的积极性,制订这些制度,就是日常生产中饲养管理工作中分工明确,才能保证貉场生产任务的完成,在日常生产中必须严格按照拟订的各项目标责任制办事,以保证场内各项管理制度的落实,这是实现全场高产、稳产、发现和培养优秀饲养员的重要措施。

(五)对貉群体疾病的预防

饲养乌苏里貉与饲养其他毛皮动物一样,难免有些貉发生各种疾病,这就要求貉场的饲养人员与管理人员在日常饲养管理工作中,要细心观察貉群的生长发育情况,注意观察貉群的食欲、粪便、精神等方面情况,如貉生病要及时发现及时治疗,防止相互传播蔓延,给貉场造成重大的经济损失。

最后是貉皮初加工问题。貉场生产的产品是貉皮,貉皮加工质量的好坏,也直接影响貉皮销售价格。在乌苏里貉宰杀取皮过程中,出现问题也会使貉皮质量下降,少卖钱。因此,在对貉皮初加工过程中,一定要按照技术要求操作,保证貉皮原有质量不降低,这样在出售时才能卖上好价钱。

养貉者要在日常生产管理中重视科技,重视品种,细心饲养,精心管理,在养貉实践中认真总结本场创高产的生产经验,并吸取外场失败的教训;要有强烈的行业竞争意识,走产业化养貉道路。功夫不负有心人,你自然就学会养貉技术,成为在养貉行业有知识、有经验、懂技术、会管理的养貉能手。你经营管理的养貉场一定能在养貉业中立于不败之地，充满活力地向前发展。

二、貉常用疫苗、药物

貉常用疫苗、药物见表 23，表 24。

表 23　貉常用疫苗表

名　　称	使用方法与剂量	保存条件
犬瘟热弱毒疫苗	皮下注射。每年 2 次，间隔 6 个月。仔貉断奶后 2～3 周接种。大、小貉均 3 毫升	−15℃ 以下保存与运输，每瓶融化后 24 小时内用完
貉脑炎弱毒疫苗	皮下注射，每年 2 次，间隔 6 个月。仔貉断奶后 2～3 周接种。大、小貉均 1 毫升	−20℃ 以下保存与运输，每瓶融化后 24 小时内用完
病毒性肠炎灭活疫苗	皮下注射，每年 2 次，间隔 6 个月。仔貉断奶后 2～3 周接种。大、小貉均 3 毫升	0℃～4℃ 保存与运输，防冻。开瓶后 24 小时内用完
貉阴道加德纳氏菌灭活疫苗	皮下注射，每年 2 次，间隔 6 个月。大、小貉均 1 毫升	常温保存和运输，严防冻结
貉绿脓杆菌多价疫苗	肌内注射，每年 1 次，配种前 15～20 天母貉注射 2 毫升	同上
貉巴氏杆菌多价灭活疫苗	肌内注射，每年 2 次，间隔 6 个月。仔貉断奶后 2～3 周接种。大、小貉均 2 毫升	同上

表 24　貉常用药物表

抗病毒类

品　名	适应证	使用方法
病毒唑	辅助治疗病毒性感染	针剂:肌内、静脉注射。片(粉)剂:口服,100～200毫克/次,2次/日,幼貉减半
金刚烷胺	辅助治疗病毒性感染	片剂口服:10～20毫克/千克体重·次,1～2次/日,幼貉减半
病毒灵	辅助治疗病毒感染	针剂:肌内注射。剂量,看产品说明书。片(粉)剂:口服,1片(0.1克)/次,2次/日,幼貉减半
甲磺酸达氟沙星	治疗犬瘟热、病毒性肺炎、传染性肝炎等	针剂:肌内注射,1～2毫升/次,1次/日,幼貉减半
吉他霉素	治疗由病毒引起的各种疾病	针剂:肌内注射,1～2毫升/次,1次/日,幼貉减半

抗生素类

品　名	适应证	使用方法
青霉素钾(钠)	肺炎、脑膜炎、外伤、尿路感染、感冒等	针剂:肌内注射,40万～80万单位/次,2次/日,幼貉减半
链霉素	肺炎、结核、布氏杆菌病、钩端螺旋体病等	针剂:肌内注射,20万～30万单位/次,2次/日,幼貉减半
阿莫西林	呼吸道、尿路细菌感染、钩端螺旋体感染等	片(胶囊)剂:口服,1～2片/次,2次/日,幼貉减半
庆大霉素	肺炎、肠炎、化脓性子宫内膜炎、外伤感染等	针剂:肌内、静脉注射1毫升。片剂:口服,4万～8万单位/次,2次/日

品　名	适 应 证	使 用 方 法
卡那霉素	腹泻、子宫内膜炎、支原体性肺炎、外伤感染等	针剂:肌内、静脉注射1毫升。片剂:口服,25~50毫克/次,2次/日
氟苯尼考	阴道真菌感染、肠道菌感染、结膜炎、脑膜炎等	针剂:肌内、静脉注射1毫升。片剂:口服,0.25克/次,2次/日
林可霉素	腹泻、子宫内膜炎、支原体性肺炎、外伤感染等	针剂:肌内注射1毫升。2毫升/次,1次/日,幼貉减半
土霉素	附红细胞体感染,肠道菌感染	片剂:口服。0.25~0.5克/次,2次/日,幼貉减半
四环素	病菌、附红细胞体感染,支原体性肺炎等	针剂:静脉注射。片剂:口服,0.25~0.5克/次,2次/日
磺胺嘧啶	细菌感染、脑炎、肺炎等	针剂:静脉注射。片剂:口服,1克/次,2次/日。首次量加倍,幼貉减半
复方新诺明	呼吸道、消化道、尿路感染,化脓性感染等	片剂:1片/次,2次/日。首次量加倍,幼貉减半
磺胺脒	肠炎、细菌性痢疾等	片剂:口服,1~2克/次,2次/日
痢特灵	肠炎、菌痢等	片剂:口服,1片(0.1克)/次,2~3次/日,幼貉减半
氟哌酸	肠炎、化脓性子宫内膜炎、尿路感染等病菌感染	针剂:静脉注射。片剂:口服,100毫克/次,2次/日,10毫克/千克体重,幼貉减半

品　　名	适 应 证	使 用 方 法
环丙沙星	呼吸道、消化道、尿路感染等	针剂:静脉注射．片剂:口服,10 毫克/次,2 次/日,2.5 毫克/千克体重
恩诺沙星	病菌感染	针内注射:肌注。片(粉)剂:口服。2.5～5.0 毫克/次,2 次/日,2.5 毫克/千克体重
穿心莲	肠炎,菌痢等	针剂:肌内、静脉注射,0.1～0.25 毫克/次,2 次/日
黄连素	肠炎,菌痢等	片剂:口服。1 片,2 次/日
灰黄霉素	真菌感染	片剂:口服。0.2～0.25 克/次,2 次/日,幼貉减半
制霉菌素	曲霉菌等真菌感染	片剂:口服,50 万单位/次,2 次/日;软膏外用,局部涂擦

驱 虫 类

品　　名	适 应 证	使 用 方 法
驱蛔灵	肠道线虫	片剂:口服,1 克/次,2 次/日
左旋咪唑	肠道线虫	片剂:口服,25～50 毫克/次,1 次/日,10 毫克/千克体重
阿维菌素(虫克星)	肠道线虫、疥螨等。体内外寄生虫	针剂:皮下注射,0.02 毫升/千克体重,1 次/日,间隔 7 日第二次注射

镇 静 剂

品　　名	适 应 证	使 用 方 法
氯丙嗪(冬眠灵)	各种神经症状;自咬症、呕吐、中暑等	针剂:肌内注射,片剂:口服。25～50 毫克/次,1 次/日
戊巴比妥钠	各种神经症状	片剂口服,0.35～0.52 克/次,1 次/日

品　　名	适 应 证	使 用 方 法
苯巴比妥	各种神经症状	片剂口服:4 月龄前 0.02～0.1 克/次,成年貉 0.2 克/次,成年貉 0.2 克/次

产科药

品　　名	适 应 证	使 用 方 法
垂体后叶素	催产、子宫内膜炎、胎衣不下等	针剂:肌内注射。0.6～0.8 毫升/次
催产素	催产、子宫收缩无力等	针剂:肌内注射 1.25～2.5 单位/次
黄体酮	保胎	针剂:肌内注射,0.3～0.5 毫升/次

解热止痛药

品　　名	适 应 证	使 用 方 法
安基比林	解热、止痛、感冒等	片剂:口服,0.2～0.3 克/次
安乃近	镇痛、镇静、解热、感冒等	针剂:肌内注射,0.25～1 克/次

收敛药

品　　名	适 应 证	使 用 方 法
次硝酸铋	收敛、止泻、保护肠黏膜等	片剂:口服 0.5～1 克/次
鞣酸蛋白	收敛、止泻、保护肠黏膜等	片剂:口服 0.5～1 克/次

健胃药

品　　名	适 应 证	使 用 方 法
人工盐	食欲不振、便干等	粉剂:口服,0.5 克/次
龙胆末	食欲不振等	散剂:口服 0.5～1 克/次
大黄末	食欲不振、便干等	散剂:口服 0.2～0.5 克/次

消导与缓泻药

品　名	适应证	使用方法
胃蛋白酶	日粮中蛋白质含量过高,消化不良等	粉剂:口服,0.5~1 克/次
多酶片	消化不良等	片剂:口服,1~2 片/次
硫酸钠	便秘、便干等	片剂:口服,5~8 克/次
硫酸镁	便干、便秘等	片剂:口服,5~8 克/次
蓖麻油	便干、便秘等	片剂:口服,10~20 毫升/次
番泻叶	便干、便秘等	片剂:口服,2~4 克/次

维生素

品　名	适应证	使用方法
骨化醇胶性钙	骨软症、佝偻病等,母貉哺乳后期瘫痪	针剂:肌内注射,2 毫升/次,1 次/日
维生素 D	骨软症、佝偻病等	针剂:肌内注射,1 毫升/次。片剂:口服,1 片/次,1 次/日
维生素 E	维生素 E 缺乏症、习惯性流产、黄脂病等	针剂:肌内注射,1 毫升/次。片剂:口服,10 毫克/次,2 次/日
维生素 K	出血性素质、消化道出血及其他出血症等	针剂:肌内注射,1 毫升/次。片剂:口服,2~4 毫克/次,1 次/日
维生素 B_1	食欲不振、消化不良等维生素 B_1 缺乏症	针剂:肌内注射,1 毫升/次。片剂:口服,5~10 毫克/次,2 次/日
维生素 B_2	脂溢性皮炎、脚皮炎等	针剂:肌内注射,1 毫升/次。片剂:口服,5~10 毫克/次,2 次/日

品　名	适应证	使用方法
维生素C	红爪病,各种病原体感染、中毒性疾病辅助治疗等	针剂:肌内注射,1毫升/次。片剂:口服,0.1～0.2克/次,2次/日

消毒药

品　名	浓　度	使用方法	
烧　碱	1%～2%	除了金属笼具以外,均可用其3%～5%的热水溶液进行消毒,如果再加入5%的食盐,可增加对病毒和炭疽芽孢的杀伤力	消毒后数小时清水冲洗
漂白粉	10%～20%	水源、墙壁、地面、垃圾、粪便的消毒	现用现配
草木灰	30%	水源、墙壁、地面、垃圾、粪便的消毒	热溶液最好
来苏儿	3%～5%	对地面、排泄物、器械及手的消毒;对结核杆菌杀伤力强,但对病毒和真菌消毒效果不佳	貉可能对此药敏感,慎用
生石灰	10%～20%	干粉用通道口的消毒,乳剂用于地面、垃圾的消毒,浓度为20%	现用现配

其　他

品　名	适应证	使用方法
止血敏	各种出血症	针剂:口服或肌内注射。片剂:0.5～1克/次,2次/日

肠 胃 舒	原发性胃扩张。对肠捻转、肠套叠继发者无效	肌内注射,2毫升/次,2次/日
速效催乳剂	产后缺奶。对乳房炎引起缺奶无效	针剂:肌内注射。100微克/次。效果不显再注1次
卵泡刺激素 (FSH)	催情。不发情	针剂:肌内注射,20～50单位,每日或隔日1次,可3～4次
绒毛膜促性腺激素 (HCA)	促进卵泡发育、排卵	针剂:肌内注射,200～250单位/次
孕马血清 (妊娠40～90天)	催情、排卵。用后2～5天见效	针剂:肌内注射,5～10毫升/次,连或隔日1次。连用3次
孕马血清促性腺激素 (PMSG)	促卵熟、排卵	针剂:皮下、静脉注射,100～500单位/次,1次/日。连用3～5天
前列腺素 Fa	(PGFa)卵巢功能减退	针剂:肌内注射,0.25～0.3毫克/次、每日1次,连用2天

注:1. 抗生素使用前,要做药敏试验,选择有效药物

2. 买药时,要看说明书。复方药,各厂家同类产品,商品名不一样,主要看成分

3. 用药前,最好先请兽医师讲明所发病的原因、病情及应用什么药,在兽医师指导下购药,以免造成不必要的损失

主要参考文献

1 马文忠 等主编．毛皮动物饲养法．哈尔滨：黑龙江省出版局，1984

2 马文忠，金爱莲编著．养貉．北京：农村读物出版社，1986

3 韩俊彦编著．养貉问答．沈阳：辽宁科学技术出版社，1989

4 杨志强，赵朝忠，杨锐乐编著．畜禽药物指南．北京：中国农业出版社，2001

**金盾版图书,科学实用,
通俗易懂,物美价廉,欢迎选购**

毛皮兽养殖技术问答(修订版)	12.00元	艾虎黄鼬养殖技术	4.00元
毛皮兽疾病防治	6.50元	毛丝鼠养殖技术	4.00元
新编毛皮动物疾病防治	12.00元	食用黑豚养殖与加工利用	6.00元
毛皮加工及质量鉴定	6.00元	家庭养猫	5.00元
茸鹿饲养新技术	11.00元	养猫驯猫与猫病防治	12.50元
水貂养殖技术	5.50元	鸡鸭鹅病防治(第四次修订版)	12.00元
实用水貂养殖技术	8.00元	肉狗的饲养管理(修订版)	5.00元
水貂标准化生产技术	7.00元	中外名犬的饲养训练与鉴赏	19.50元
图说高效养水貂关键技术	12.00元	藏獒的选择与繁殖	10.50元
养狐实用新技术(修订版)	7.00元	养狗驯狗与狗病防治(第三次修订版)	18.00元
狐的人工授精与饲养	4.50元	狗病防治手册	16.00元
图说高效养狐关键技术	8.50元	狗病临床手册	29.00元
北极狐四季养殖新技术	7.50元	宠物美容与调教	15.00元
狐标准化生产技术	7.00元	新编训犬指南	12.00元
实用养貉技术(修订版)	5.50元	狂犬病及其防治	7.00元
貉标准化生产技术	7.50元	怎样提高养鸭效益	4.50元
图说高效养貉关键技术	8.00元	鸭鹅良种引种指导	6.00元
麝鼠养殖和取香技术	4.00元	种草养鹅与鹅肥肝生产	6.50元
人工养麝与取香技术	6.00元	肉鹅高效益养殖技术	10.00元
海狸鼠养殖技术问答(修订版)	5.50元	怎样提高养鹅效益	6.00元
冬芒狸养殖技术	4.00元		
果子狸驯养与利用	8.50元		

池塘养鱼高产技术（修订本）	3.20 元	黄鳝高效益养殖技术（修订版）	5.00 元
池塘鱼虾高产养殖技术	5.50 元	黄鳝实用养殖技术	6.50 元
池塘养鱼新技术	16.00 元	农家养黄鳝 100 问	3.50 元
池塘养鱼实用技术	6.00 元	泥鳅养殖技术（修订版）	5.00 元
池塘养鱼与鱼病防治	4.50 元	长薄鳅泥鳅实用养殖技术	6.00 元
盐碱地区养鱼技术	12.00 元	农家高效养泥鳅	4.00 元
流水养鱼技术	5.00 元	革胡子鲇养殖技术	4.00 元
稻田养鱼虾蟹蛙贝技术	8.50 元	淡水白鲳养殖技术	3.30 元
网箱养鱼与围栏养鱼	7.00 元	罗非鱼养殖技术	3.20 元
海水网箱养鱼	9.00 元	鲈鱼养殖技术	4.00 元
海洋贝类养殖新技术	11.00 元	鳜鱼养殖技术	4.00 元
海水种养技术 500 问	20.00 元	鳜鱼实用养殖技术	3.00 元
海蜇增养殖技术	6.50 元	虹鳟鱼养殖实用技术	4.50 元
海参海胆增养殖技术	10.00 元	黄颡鱼实用养殖技术	5.00 元
大黄鱼养殖技术	8.50 元	乌鳢实用养殖技术	5.50 元
牙鲆养殖技术	9.00 元	长吻鮠实用养殖技术	4.50 元
黄姑鱼养殖技术	10.00 元	团头鲂实用养殖技术	7.00 元
鲽鳎鱼类养殖技术	9.50 元	良种鲫鱼养殖技术	8.50 元
海马养殖技术	6.00 元	异育银鲫实用养殖技术	6.00 元
银鱼移植与捕捞技术	2.50 元	塘虱鱼养殖技术	8.00 元
鲶形目良种鱼养殖技术	7.00 元	河豚养殖与利用	8.00 元
鱼病防治技术（第二次修订版）	10.00 元	斑点叉尾鮰实用养殖技术	6.00 元
黄鳝高效益养殖技术	4.00 元	鲟鱼实用养殖技术	7.50 元

以上图书由全国各地新华书店经销。凡向本社邮购图书或音像制品，可通过邮局汇款，在汇单"附言"栏填写所购书目，邮购图书均可享受 9 折优惠。购书 30 元（按打折后实款计算）以上的免收邮挂费，购书不足 30 元的按邮局资费标准收取 3 元挂号费，邮寄费由我社承担。邮购地址：北京市丰台区晓月中路 29 号，邮政编码：100072，联系人：金友，电话：(010)83210681、83210682、83219215、83219217(传真)。